高等学校教材

机械设计学习指南

(第四版)

西北工业大学机械原理及机械零件教研室　编著

濮良贵　纪名刚　主编

高等教育出版社·北京

内 容 提 要

本书是西北工业大学机械原理及机械零件教研室编著,濮良贵、纪名刚主编,高等教育出版社2001年出版的《机械设计》(第七版)的配套用书,是在《机械设计学习指南》第三版(高等教育出版社,1997)的基础上修订而成的。本书内容以针对《机械设计》各章而撰写的学习辅导材料为主体,并编入了"关于机械设计课程的说明"、"机械零件结构设计基本知识"、"机械设计习题的解题方法"、"机械现代设计方法简介"、"创新的重要性及机械创新设计的构思途径简介"和"附录"(1. 结合生产、实习、参观或日常生活学习《机械设计》各章有关内容的提示;2. 机械现代设计方法常用参考书目录)。本书主要用来指导高等院校机械类专业的学生如何学习《机械设计》,亦可供业余大学、函授大学、自修(培训)学院等机械专业的学生及广大自学者学习《机械设计》时参考。

前　言

本书是西北工业大学机械原理及机械零件教研室编著,濮良贵、纪名刚主编,高等教育出版社2001年出版的《机械设计》(第七版)(以下简称《机械设计》)的配套用书,是在《机械设计学习指南》第三版(高等教育出版社,1997)的基础上修订而成的。本书内容以针对《机械设计》各章而撰写的学习辅导材料为主体,并编入了"关于机械设计课程的说明"、"机械零件结构设计基本知识"、"机械设计习题的解题方法"、"机械现代设计方法简介"、"创新的重要性及机械创新设计的构思途径简介"和"附录"等,以供高等院校机械类专业的学生和业余大学、函授大学、自修(培训)学院等机械专业的学生,以及广大自学者学习《机械设计》时参考。

本书编写目的主要是指导读者如何学习《机械设计》各章的内容,帮助读者解决学习过程中可能产生的疑难问题,以便能较深入地了解和掌握各章的主要内容、重点、难点、学习要求及相应的学习方法,从而取得更好的学习效果。为此,本书开头先对机械设计课程作一轮廓介绍(详见"关于机械设计课程的说明");然后对照《机械设计》分章作针对性的学习指导(详见"《机械设计》学习辅导材料");为了便于读者掌握在机械零件毛坯、加工、装配等方面必备的结构设计基本知识,并加深对其重要性的理解,编入了"机械零件结构设计基本知识";接着编入了"机械设计习题的解题方法",用来指导学生增强解题的能力;为了使读者对机械设计的新发展有所了解,编入了"机械现代设计方法简介",其中考虑到目前计算机的应用已较广泛,故对机械零件计算机辅助设计方法作了较详细的说明,以便加强学生运用电算进行机械零件设计的能力。为了增强读者的创新意识与探索精神,编入了"创新的重要性及机械创新设计的构思途径简介"。此外,为了引导读者结合工作实践和日常生活,加强对机械及机械零件的观察、分析与研究,以便多途径地学习与增长关于机械设计的知识,在附录G.1中编入了"结合生产、实习、参观和日常生活学习《机械设计》各章有关内容的提示";为了便于学有余力的学生对机械现代设计方法进行更深入的学习,在附录G.2中给出了"机械现代设计方法常用参考书目录"。

　　学习一门课程,主要是靠读者结合自己的具体情况,创造性地建立起自己的一套最有效的学习方法。本书内容只是针对本课程的一些特殊性,向读者作些必要的介绍和引导,仅供读者参考。关于如何使用本书的问题,下面提出一点参考性的建议:一般可先阅读"前言",然后结合在先修课程中掌握的知识阅读"关于机械设计课程的说明"和"机械零件结构设计的基本知识",在学习配套教材各章内容之前和之后,可仔细阅读本书相应章节的辅导材料,以便加深理解和掌握。在学过一章后,要分别用书面(或口头)答出该章的复习思考题,并用自己的语言和惯用的符号写出言简意赅的总结(例如参照第十章末尾列出的"总结提纲"写出齿轮传动一章的总结)。关于较复杂的设计方法和步骤,还应编出设计流程框图(参看图8.1及图12.1);有条件者最好自行(或参考本书E.3"机械零件计算机辅助设计方法")编制出相应的计算程序,试算少量习题,以便整理设计思路,增强设计能力和计算机应用能力。在学完教材第二章后,即应初读一下"机械现代设计方法简介"和"创新的重要性及机械创新设计的构思途径简介",并在学习过程中及学完教材后反复学习和体会这两个部分,以便加强对机械现代设计方法的了解与创新精神的培养。在作习题前,应详细阅读"D. 机械设计习题的解题方法"中的有关部分,按照指引的步骤和注意要点进行解题,以便加深理解和提高解题效率。最后,还应检查一下自己对所学内容的掌握程度是否已满足各章指出的学习要求；如不满足，则应针对薄弱部分进行适当的补充学习。

由于本书的"B"部分只是针对《机械设计》这本教材而编写的学习辅导材料，故对本课程其它教学环节（如习题课、讨论课、实验课、现场教学、设计作业及课程设计等）的学习方法，仅在"关于机械设计课程的说明"中稍加提及。在进行其它教学环节时读者还应阅读有关资料（如实验指导书、课程设计指导书等）。

此外，本书内容以紧密结合读者学习《机械设计》时的基本需要为原则，内容的深广度均不超出该教材的范围，学有余力的读者尚可酌情选读附录 G.2 中介绍的机械现代设计方法常用参考书或配套教材所列的参考书刊及其它有关文献。

这次修订主要工作是：1）针对《机械设计》第七版的内容修编了各章的辅导材料；2）加强机械现代设计方法和创新思路的介绍；3）结合大多院校已在计算机教学中改用 C 语言，故将计算机辅助设计部分改用 C 语言编写。

本书所引用的图号、表号、公式号及其它有关符号，均与配套教材相对应；新增加的图号、表号、公式号则用"×.×"表示，以便与配套教材中的"×－×"相区别；新增加的符号均已随时说明其含义；补充习题则接着配套教材中的习题序号编号。

本书由配套教材《机械设计》的编者们编写，袁茹同志参加了"E"中的一部分编写工作，全书由濮良贵、纪名刚同志主编。

限于编者水平，加以时间仓促，误漏不当之处，敬烦读者和任课老师随时予以批评指正。来信请寄 710072（邮编），陕西省西安市，西北工业大学 178 信箱。

编　者
2000 年 12 月于西安

目 录

A. 关于机械设计课程的说明 ……………………………………… 1
B. 《机械设计》学习辅导材料 …………………………………… 8
 第一篇 总论 ……………………………………………………… 8
  第一章 绪论 …………………………………………………… 8
  第二章 机械设计总论 ………………………………………… 9
  第三章 机械零件的强度 ……………………………………… 15
  第四章 摩擦、磨损及润滑概述 ………………………………… 21
 第二篇 联接 ……………………………………………………… 29
  第五章 螺纹联接和螺旋传动 ………………………………… 29
  第六章 键、花键、无键联接和销联接 …………………………… 37
  第七章 铆接、焊接、胶接和过盈联接 …………………………… 40
 第三篇 机械传动 ………………………………………………… 45
  第八章 带传动 ………………………………………………… 46
  第九章 链传动 ………………………………………………… 52
  第十章 齿轮传动 ……………………………………………… 56
  第十一章 蜗杆传动 …………………………………………… 65
 第四篇 轴系零、部件 …………………………………………… 71
  第十二章 滑动轴承 …………………………………………… 71
  第十三章 滚动轴承 …………………………………………… 77
  第十四章 联轴器和离合器 …………………………………… 85
  第十五章 轴 …………………………………………………… 87
 第五篇 其它零、部件 …………………………………………… 93
  第十六章 弹簧 ………………………………………………… 93
  第十七章 机座和箱体简介 …………………………………… 97
  第十八章 减速器和变速器 …………………………………… 97
 教材附录 …………………………………………………………… 98

C. 机械零件结构设计基本知识 …………………………………… 100
　一、铸造零件结构设计要点 …………………………………… 101
　二、锻造及冲压零件结构设计要点 …………………………… 102
　三、机械加工零件结构设计要点 ……………………………… 103
　四、关于装配工艺方面的零件结构设计要点 ………………… 106
　五、关于提高零件强度方面的结构设计要点 ………………… 109
　六、关于节约零件材料方面的结构设计要点 ………………… 110

D. 机械设计习题的解题方法 …………………………………… 111
　一、解题的作用和目的 ………………………………………… 111
　二、机械设计习题的主要类别和解题工作内容 ……………… 111
　三、解题前的准备工作 ………………………………………… 113
　四、解题的一般步骤和注意要点 ……………………………… 113
　五、解题方法示例 ……………………………………………… 114
　　1. 螺栓联接设计 …………………………………………… 114
　　2. 带传动设计 ……………………………………………… 117
　　3. 链传动设计 ……………………………………………… 121
　　4. 齿轮传动设计 …………………………………………… 123
　　5. 蜗杆传动设计 …………………………………………… 131
　　6. 滑动轴承设计 …………………………………………… 134
　　7. 滚动轴承选择 …………………………………………… 141
　　8. 轴的设计 ………………………………………………… 145
　　9. 弹簧设计 ………………………………………………… 155

E. 机械现代设计方法简介 ……………………………………… 159
　E.1　机械优化设计简介 ………………………………………… 159
　　一、概述 …………………………………………………… 159
　　二、优化设计的数学模型 ………………………………… 160
　　三、优化设计的几何描述 ………………………………… 165
　　四、优化方法的分类及常用优化方法简介 ……………… 166
　　五、机械优化设计的一般步骤 …………………………… 171
　E.2　机械可靠性设计简介 ……………………………………… 173
　　一、概述 …………………………………………………… 173

二、随机变量的分布密度函数及其数学模型 …………… 174
　　　三、应力-强度干涉模型及其应用 ……………………… 178
　　　四、安全系数与可靠度 …………………………………… 181
　　　五、机械系统的可靠度 …………………………………… 182
　E.3　机械零件计算机辅助设计方法 ………………………… 184
　　　一、概述 …………………………………………………… 184
　　　二、编写机械零件设计计算程序的注意事项 …………… 184
　　　三、编写机械零件设计计算程序的一般步骤 …………… 185
　　　四、数表和图线的程序化 ………………………………… 186
　　　五、减速器主要零部件设计计算程序的编写方法 ……… 193
　　　　　1. 设计计算程序的功能 …………………………… 193
　　　　　2. 电动机型号确定及运动参数计算程序的编制 … 193
　　　　　3. 普通 V 带传动设计计算程序的编制 …………… 198
　　　　　4. 齿轮传动设计计算程序的编制 ………………… 203
　　　　　5. 轴强度校核计算程序的编制 …………………… 213
　　　　　6. 键的选择计算程序的编制 ……………………… 222
　　　　　7. 滚动轴承选择计算程序的编制 ………………… 223
　　　六、计算机绘图简介 ……………………………………… 230
　E.4　其它几种较常见的机械现代设计方法简介 …………… 233
F. 创新的重要性及机械创新设计的构思途径简介 …………… 236
　　一、创新的重要性 …………………………………………… 236
　　二、创新意识和创新能力的培养 …………………………… 236
　　三、机械创新设计的一般构思途径简介 …………………… 237
G. 本书附录 ……………………………………………………… 239
　G.1　结合生产、实习、参观和日常生活学习
　　　《机械设计》各章有关内容的提示 ……………………… 239
　G.2　机械现代设计方法常用参考书目录 …………………… 252

A. 关于机械设计课程的说明

学习任何一门课程,都得首先对它有个轮廓的了解,因而有必要先对机械设计课程作一简要说明。

一、本课程在专业教学计划中的地位和作用

本课程是机械类专业教学计划中的主干课程之一,也是最后的一门技术基础课。因而它不仅要求学生预先学完机械制图、理论力学、材料力学、工程材料及机械制造基础、机械原理、公差与技术测量、工厂实习等先修课程,而且要求学生结合本课程的学习,能够综合运用所学的基础理论和技术知识,联系生产实际和机器的具体工作条件,去设计合用的零部件及简单的机械,以便为顺利地过渡到专业课程的学习及进行专业产品和设备的设计打下初步的基础。因此,本课程不仅在学习进程上具有从理论性课程过渡到结合工程实际的设计性课程,从基础课程过渡到专业课程的承先启后的桥梁作用,而且还有对机械设计工作者进行基本素质培养的启蒙作用。另一方面,由于本课程所讨论的内容,主要是通用机械零部件设计和选用方面的基本知识、基本理论和基本方法,所以也都是一般机械工程技术人员必备的基础。

二、本课程的性质与任务

本课程是一门培养学生机械设计能力的技术基础课,属于设计性的课程。

本课程的主要任务已在教材§1-3中说明,需要强调指出的是,这里列出的任务是通过本课程的各个教学环节来完成的,而且对于学生基本素质、创新精神、创业精神的培养则是通过整个教学计划来实现的。

三、本课程的教学环节及学生应有的认识

本书只是针对如何学好教材内容而编写的。但是,本课程的教学环节除了讲课(包括自学)外,还有习题课、讨论课、实验课、现场教学、答疑、设计作业及课程设计等。虽然学好教材内容是一个重要方面,但它远非本课程的全部,因而企图通过单单学习书本知识就把这门课程学好,最后必将落得一知半解,缺乏实践能力和设计素养,不能达到本课程的学习要求。这一点,每个学生都必须充分认识,并随时加以警惕。如果一个学生在作习题、设计作业和课程设计时,不注意进行理论和技术分析,不认真查阅手册、图册和有关资料;做实验时不详细弄清实验目的、仪表功能、测试原理及操作方法;在现场教学中不细心观察零件的结构、材料、制法、工作情况、失效形式和有关机器的运转性能,那他就不可能学好这门课程,也不可能成为一个优秀的机械设计者。所以学习本课程时必须明确,书本知识固属重要,但在工程实际中,很少是靠单独运用书本知识就能正确解决问题的,而是还需掌握一定的经验资料和具备较强的工程判断能力。因为实际的机械设计问题都不会只有一个答案的,新理论、新技术、新材料、新工艺以及新的市场信息等,都将使答案发生变化。所以一定要善于全面分析、综合协调、灵活处理,并富有想象力、洞察力、探索精神和创新勇气,从而对各式各样的设计问题作出机敏的工程判断。而这些能力是要靠一系列课程的各个教学环节来综合培养的。本课程应该负担培养的部分,则是通过前述全部教学环节来实现的,决不是单单学习了教材就能奏效。

由于前述本课程各个教学环节大多已有专用的指导书,如实验指导书、设计作业指导书、课程设计指导书等,余下的环节,教师也都会随时作出适当的、有针对性的指导,因而学生应如何正确对待和充分利用这些环节,取得最大的学习收获,这里就不细说了。

四、本课程教材[①]的特点

---

① 指本书的配套教材,下同。

1. 教材论述机械零(部)件时的一般顺序及目的

《机械设计》中,除第一篇"总论"是综合论述本课程的主要内容、性质、任务及一般机械设计的共性问题外,以后四篇都是分章论述常用的通用机械零(部)件。各章内容的一般顺序是:首先介绍零(部)件的主要类型、构造、功能、材料、制法、标准、优缺点、适用场合等基本知识,以便对该章论述的零(部)件有初步的了解,从而为学习设计准备条件。然后论述工作情况、受力分析、应力状态、失效形式、设计准则、设计方法与步骤、参数选择原则、常用参考资料以及有关注意事项等,以便初步掌握零(部)件的设计理论与方法。最后给出释义例题(包括典型的工作图),以便引向设计实践,并给出若干习题,以便试行运用所学的有关知识、设计理论、设计方法及参考资料,进行初步的设计锻炼,从而加深与巩固所学的知识与技能,进一步开发智力,提高设计能力。这样就为进行设计作业、课程设计和某些简单的机械的设计,准备了必要的条件。

2. 教材内容的繁杂性及其对策

由于本课程研究对象和性质上的特点,决定了教材内容本身的繁杂性。只有对这一点有较深的认识和充分的思想准备,才能在整个学习过程中加以正确的对待。教材内容的繁杂性主要表现在"关系多、门类多、要求多、公式多、图形多、表格多"。形成上述"六多"的主要原因是:

1) 由于本课程是建立在前述很多门先修课程的基础之上的(即"血缘"很杂),因而必须和那些先修课程内容时时挂钩,紧密联系,才能把它们综合地运用来为机械设计服务。这就形成了"关系多"的特点。因此在学习过程中,需要经常回顾与检查自己对各有关先修课程内容掌握的程度,并及时复习与深化有关的内容,清除学习道路上的障碍,提高学习效率与质量。

2) 由于本课程要分门别类地选择一些典型的通用零(部)件,一一分章论述(实际上有些章里还包含了几个独立的部分),而各种零(部)件本身都包含着很多类型,所以就形成了"门类多"

的特点。为此,学习时就要从各种零件的工作性能和适用场合等方面多作对比,从它们在机器中的功能、相互影响、装配关系等方面多作分析,找出各零件间的关联;更要从设计理论及方法上找出各章之间的共性和特性,要认真分析各个零件之间的内在联系;特别是要从中总结出某些普遍规律,以便用来解决现在没有学到而将来可能遇到的新型零件的设计问题。所以,绝对不应把一个个的零件孤立起来,否则就难免产生内容零碎杂乱的感觉。如果出现这种感觉,就正好说明了还未能抓住本课程教学内容的精髓和正确的学习方法。

3) 由于设计一个零件时,可能除了需要满足强度、刚度、耐久性、工艺性、体积、质量、经济、安全、方便、美观等一系列一般要求外,有时还要满足绝缘、抗磁、耐酸、防锈等特殊要求。对于部件还常会提出更多的要求,这就形成了"要求多"的特点。因此,学习时必须善于全面分析比较,权衡轻重,区别对待。"要求多"是由于全面考虑、分别论述的结果,而对于具体的零(部)件,则应该用"具体问题具体分析"的方法来处理。

4) 由于本课程是设计性课程,内容自应紧密围绕零(部)件的设计问题。设计包括多方面的内容,但其主要部分通常是工作能力设计和结构设计,而工作能力设计一般须进行某些计算(如强度计算、刚度计算、寿命计算、热平衡计算等),这就形成了"公式多"的特点。因此,学习时必须彻底搞清公式的性质、使用条件、符号意义及代入单位、计算结果的单位等,然后才能正确应用它们。教材中的公式,有解析性的、经验性的、半经验性的、定义性的等,其中有些是在先修课程里学过的,有些则是新遇到的,还有的是只要求会用而不要求懂得其理论根据和推导方法的(如零件曲面接触应力的计算公式是引自弹性力学)。尽管公式很多,但除了一些定义性公式(如许用正应力$[\sigma] = \sigma_{\lim}/S$;标准直齿圆柱齿轮的模数$m = d/z$等,这里各符号的意义和代入单位与配套教材中相同)应在了解的基础上记住外,其余公式只要求能正确使用而不必硬记。

5）由于本课程很多内容要用图形表达，这就必然形成"图形多"的特点。因此，学习时应把所有的插图一一看懂，并分清哪些是分析图，哪些是结构图，哪些是示意图；哪些是定性的，哪些是定量的；哪些图（曲线图）相当于表格（但比表格直观，可以利用"引出线"直接查找数据而不需插算，只是精确性比用表格差些）等等。这样虽然图形很多，也就不难对付了。

6）由于设计性课程的教材需要附有为了阐明问题和作简单习题所必须的最基本资料（其余的则可查阅手册、图册、标准、规范等），这就形成了"表格多"的特点。学习时应对每个表格搞清其适用场合及如何查用，并应注意一些表格下方的"表注"，忽视了这点就会造成查用上的错误，甚至带来严重的后果。还应注意观察与分析表中数据的变化情况（递减还是递增，中间小还是两头小，原因何在），这会有助于了解有关各量之间的相互影响及概略的变化规律。

对于上述六点，如能认真采取适当对策，就能有利于找出各零件间的某些共性，明确相应的设计规律，使"六多"的特点"为我所用"。

此外，还要注意在教材的很多章节中都会遇到国家标准、部颁标准等，其中有必须执行的，也有只是指导性的或参考性的，应该区别对待；而且有的标准可能在教材出版后又重新进行了修订，在具体使用时，均需以该时的现行标准为依据。

五、本课程要求的学习方法

前已指出，本课程要起到"从理论性课程过渡到结合工程实际的设计性课程，从基础课程过渡到专业课程"的作用，因而必须认清这个"过渡"对学习方法提出的特殊要求。机械设计课程的学习方法，不仅和过去学习理论基础课时有根本的差别，而且和学习理论力学、材料力学、机械原理等技术基础课时也大不相同。例如：材料力学由于研究范围的不同，对于一个受有垂直集中载荷的简支梁,并不管梁上的载荷是哪个物体(零件)传给它的,这个物体是怎样安装在梁上的,更不要求设计或选择出两端所需的支承;机械原理研究一个机构时,只要求确定各个构件的长度,并不要求确定构件的结构形状、材料、加工方法、强度、刚度、寿命等。但是到了机械设计课,就得解决一系列的实际问题,直到每个零件能够有效地完成其工作职能,并达到预期的工作寿命。因此,学习机械设计课程时,在学习方法上就面临着一个新的而且是特别重要的转折点,如果仍旧沿用以前的学习方法,那就会轻重倒置,不得要领。因而如果在学习方法上"转折"得好,那就会事半功倍,迅速提高联系实际分析问题与解决问题的能力。所以学习方法正确与否,是具有重要意义的。

怎样才能在学习方法上"转折"的好,关键在于是否真正摸清了这门课程的性质。既然机械设计是一门实践性很强的设计性课程,那就应该除了努力学好教材外,还要认真学好各个实践性教学环节的内容,并注意把主要精力用于钻研零件的结构、选材、制法、标准、规范、适用场合、工作情况、受力及应力状态、失效形式及其机理、设计准则、设计方法与步骤,以及可能出现的问题与对策上,而对公式的推导、经验数据的取得、某些曲线的来历等,只需作一般的了解,不必反复深钻,以免偏离重点。譬如在学习过程中,在适当的时候到实验室去亲手拆装一台较简单的机器或一个完整的部件(例如减速器),详细了解一下它的构造、功能、机构、零件、材料、毛坯、加工、装配、润滑、密封、运转、维护等,就会帮助你较全面地了解这门课程,抓住较好的学习方法,不要等到作完了课程设计,最后才恍然大悟:原来这门课程各部分内容之间,确实存在着多方面的联系!

最后,还要特别提醒三点:

一是必须明确,设计决非只是计算,计算虽也重要,但它只是为结构设计提供一个基础,而零件、部件和机器的最后尺寸和形状,通常都是由结构设计取定的,计算所得的数字,最后往往会被结构设计所修改。结构设计在设计工作量中一般占较大比重,因而必须给予足够的重视。为此,本书在 C 部分中编入了"机械零件结构设计基本知识",供初学者参考。

二是必须认清,教材中给出的一个例题或一个零件的设计结果,仅为表明如何运用基础知识和经验资料去解决一个实际问题的范例,而不是唯一正确的答案或一切设计方法的终结;论述某个零件的设计方法和步骤,决非仅仅为了使学生学会那个零件的设计,而是为了培养学生掌握这些"武器",从而具备对于各种有关零件(包括教材中没有编入的和大量尚未出现的零件)的设计能力。所以全力追索不断增殖的设计能力才是学习本课程的中心目的。

三是必须牢记,创新是一个民族的灵魂,是一个国家兴旺发达的不竭动力。创新首先要有敢于突破束缚、突破惯例和大胆否定现存事物、否定客观状态的精神,同时也要有宽广而坚实的基础知识和创新思维与细心观察的努力。关于机械设计方面的创新发展思路,可参看本书 F 部分的介绍。

B. 《机械设计》学习辅导材料

第一篇 总 论

本篇(第一～四章)论述了机械设计课程、教学内容总纲、设计基本知识和一些共性问题,学习以后各章时,将会经常用到它们。所以切实学好本篇内容,就为学好这门课程奠定了初步基础。

第一章 绪 论

一、本章主要内容、特点及学习要求

本章主要内容是:机器的作用,组成机器的基本要素(零件);零件的概括分类;零件(局部)与机器(总体)的关系;机械设计的主要内容及处理有关矛盾的原则;本课程的内容、性质和任务。

绪论一章的特点是:它既是本课程的序幕,又是本课程的总纲。因而它的内容要贯穿全课程的始末,并涉及本课程的前后关联。所以学好本章对于了解本课程及作好学习本课程的思想准备等,是至关重要的。

本章的学习要求是:明确机械设计在四化建设中的重要作用;弄清零件设计在机械设计中的地位;了解本课程的内容、性质、特点、与先修及后继课程之间的关系,以及相应的学习方法,从而对整个课程获得一个鸟瞰。所以总起来说,学习本章的要求就是要搞清"为什么学?"、"学什么?"和"如何学?"这三个大问题,并与学好本领、建设祖国的信念紧密联系起来,树立起学好本课程的决

心与信心。

二、本章重点及学习注意事项

本章重点：一是机器的主体及其基本组成要素和机械零件的分类，机械零件（局部）和机器（总体）的关系；二是本课程的内容、性质和任务。

学习时的注意要点是，除了掌握本章的基本内容外，还应联系本课程的性质与特点，积极探索具有针对性的学习方法。

三、复习思考题

1. 机器在经济建设中能起到什么重要作用？

2. 为什么说机械零件是组成机器的基本要素？根据什么原则把机械零件划分为通用零件和专用零件？什么叫做一般尺寸和参数的通用零件？

3. 选定一台简单的机器（如台钻或牛头刨床等），分析其中哪些是联接部分，哪些是传动部分，哪些是轴系部分；各用到哪些零件，另外还用到哪些其它零件？

4. 本课程的性质和任务是什么？和前面学过的几门技术基础课程相比，本课程有什么特点？

第二章 机械设计总论

一、本章主要内容、特点及学习要求

本章内容概括起来讲可分为三部分：

第一部分是关于机器总体设计的概述，包括§2-1～§2-3三节。第二部分是关于机械零件设计的概述，包括§2-4～§2-10各节。第三部分是机械现代设计方法简介，即§2-11。

本章特点在于从机器设计的总要求出发，引出与机械零件设计有关的一些原则性问题。这些问题，例如设计机器的一般程序、机械零件失效形式、零件的设计要求、设计准则、设计方法、设计步骤及材料选择等，始终贯穿在本书以后的各章中。在学习本章时，由于学生还没有接触到各个具体零件的设计内容,所以不大容易较为深刻地掌握本章的内容,也无法和以后的各章建立联系。因此,本章的学习要求,首先就是要从总体上建立起机器设计,尤其是机械零件设计的总括性的概念,即从机器的总体要求出发,引出对机械零件的要求,根据零件的失效形式,拟定出设计准则,在选择出适用的材料后,按一定的步骤,用理论设计或经验设计的方法,设计出机械零件来。这个过程的系统性是很严密的。它对以后各章的学习都具有提纲挈领的作用。

其次,还要掌握对机器和机械零件的基本要求。这些要求不管列出多少条,从本质上讲却只有两条:1)提高机器总体效益;2)避免失效。第一条要求是相对的,随着科学技术的发展,对总体效益的要求总是不断变化的。第二条要求却是最基本的,即在达到设计寿命前的任何时候,对机器和零件总是有避免失效的要求的。

以上学习要求可能一下子难于掌握,因此要求学生在以后各章节的学习中,不断地结合各章的具体分析来逐步加深理解。

二、本章重点、难点及学习注意事项

本章重点是与机械零件设计有关的几节。本章的难点不在于各节的具体内容,而在于对各节的内容要从总体上以及它们的相互联系上予以理解,了解各节之间在逻辑上的相互关系。本章的难点还在于本章的内容非常原则而不具体,它的具体化要在以后的各章中才能体现。

1. 机器的组成(§2-1)

本节概括地介绍了一台机器的组成情况。学习本节时要注意到,不管是机器的基本组成部分,还是其余部分,都包含有由机械零、部件构成的机械系统。即使是在今天高科技时代,高水平的机电一体化的机器,其任何部分,包括控制系统在内,也都离不开机械。在学习这一节时,一定要牢牢地记住这一点。

2. 设计机器的一般程序(§2-2)

本节从最一般的概念上介绍了一台机器的设计程序。必须说明,本课程并不能负担起关于整台机器一般设计程序所涉及的所有问题的研究任务。机器的设计程序已成为一门新的专业课程——设计方法学的重点内容之一。教材中对机器的设计程序作一简略的介绍,其目的除了使学生对机器设计过程有一个总体概念以外,还在于着重说明零件和部件设计在整台机器设计中所占的地位及其重要性。本门课程主要服务于机器设计程序中的技术设计阶段。学生应当仔细地阅读教材§2-2中"(三)技术设计阶段"的内容。

3. 对机器的主要要求(§2-3)

本节是为了能从其中引出对零件的基本要求而设的。对机器的要求在很大程度上是要靠零件满足设计要求来保证的。

4. 机械零件的主要失效形式(§2-4)

本节介绍的仅为零件失效形式的主要类型,是从完成零件技术功能的观点来定义失效的,并不涉及社会经济分析问题。事实上,随着科学技术的进步,有时有些机械零件、部件甚至整台机器虽然没有出现教材中所列举的任何一种失效形式,但由于它们已不能适应技术发展的需要而必须予以淘汰或报废。从广义上讲,这也是一种失效形式。

5. 设计机械零件时应满足的基本要求(§2-5)

本节所提出的五项基本要求中,避免在预定寿命期内失效的要求和结构工艺性要求是最主要的;经济性和质量小的要求是不言而喻的;可靠性要求是随着机器愈来愈复杂而提出的新要求。

对于强度,要明确强度既与零件的断裂有关,也与零件的不允许的残余变形量有关。这和以后选择零件材料的极限应力有密切联系。

对于刚度,要明确它涉及到的是零件的弹性变形,不能把它和残余变形相混淆。

对于寿命,要注意主要制约寿命的技术因素是疲劳、腐蚀和磨损。

对于高温下工作的机器及其零件,或者对于工程塑料零件,蠕变变形也是影响寿命的一个因素。工程塑料零件的老化,也是制约这些零件寿命的主要原因。

本课程是讨论通用机械零件设计问题的,所以只列举了前三个因素。

结构工艺性要求是学生学习本课程时经常未给予足够重视的一个基本要求。要能正确理解和掌握结构工艺性的要求,必须熟悉从毛坯生产到最后使用的全过程的有关工艺知识。此外,在机械设计工作中,从工作量上来说,处理结构工艺性问题所花费的精力也是相当可观的。学生在学习本课程时,工艺知识还不够全面,因此在思想上要特别重视这一要求。

6. 机械零件的设计准则(§2-6)

强度、刚度、寿命及振动稳定性各准则,与先修的力学课程密切相关,比较容易理解。现仅就可靠性准则作一些补充说明。

关于零件的可靠性,可以从不同的失效模型研究,得到不同的可靠度规律。本章所述的指数规律,是在不具体考查零件失效的原因,而只从失效的表现来研究零件的可靠性时所应用的规律。读者不要把按照强度-应力干涉模型计算所得的零件可靠度与此相混淆。

式(2-6)是一个概括性很强的公式,随着失效率 λ 的函数形式的不同,可以得到多种不同的可靠度变化规律。对于它的理解应当是:

a) 随着工作时间的延长,零件的可靠度 R 总是逐渐降低的。这个概念是符合于常识的。从数学上看,零件的失效率 λ 总是一个正值。

b) 失效率和可靠度之间既有严格区别又有相互联系,失效率愈高,则在某一固定时刻的可靠度也就愈低。可靠度总是时间的函数,而失效率却既可以是时间的函数,也可以不是时间的函数而为某一个常数。因此,说到可靠度,就必须同时指明工作寿命。两个零件的可靠度只有在同一寿命下才是可比的。

两次失效间的平均工作时间(MTBF)通常是用统计的方法来确定的。它的计算式为

$$MTBF = \frac{所有零件(或设备)的总使用时间}{失效次数}$$

对于一次性使用的机器和零部件，与 MTBF 同等概念的指标叫做失效前平均时间(MTTF)。

7. 机械零件的设计方法(§2-7)

本节从设计方法的类别来讨论设计方法，而不是各种设计方法的具体细节内容。不同零件的设计方法有不同的表现形式，这在以后各种零件设计的有关章节中再行讨论。

本节提出常规设计方法和现代设计方法两个大类别。读者不要误解以为有了现代设计方法，常规的设计方法就是过时了或不需要了。现代设计方法是在新的设计思想以及有了现代的设计技术和物质手段的条件下，由常规设计方法发展而来的，在必要时用来弥补常规设计方法的不足，但它并不能完全取代常规设计方法，因为现代设计方法本身是离不开常规设计方法的。例如优化设计方法中很多约束条件就是要依靠常规设计方法来建立。所以要摆正这两种设计方法间的关系。

学生们一般对理论设计方法易于接受，但对经验设计方法却往往不予重视。正如教材中所说，经验设计"是很有效的设计方法"。所谓经验，总会随着社会的不断发展而不断地积累，经验并不总是陈旧的、过时的东西。相反，它恰恰是在理论还不成熟时，用来解决各种问题的一种可靠的方法。教材以后各章中就有不少经验设计的内容，很多经验数据也可以广义地理解为经验设计的内容，从这一意义上来说，理论设计也是离不开经验设计的。

模型实验设计是在理论设计知识还不完备，原有的经验又不足以解决设计问题时，人们获取新经验和发展新理论的一种设计方法。

8. 机械零件设计的一般步骤(§2-8)

本节只勾画出零件设计步骤的一个轮廓。在实际运用时,由于所掌握的已知条件的多寡不同,它会有相当的灵活性。例如,有时可先作结构设计,然后根据计算准则进行必要的验算。有时还可能要反复地进行某些步骤的工作。

9. 机械零件的材料及其选用(§2-9)

由于以后各章将会对各种零件常用的材料作具体介绍,所以本节只重点说明材料的选用原则。选用材料的前提是对材料性能(包括机械、物理和工艺性能)以及经济性的全面了解。选用材料的基本方法,是在分析与总结已有的成功的使用经验及选材不当的教训的基础上,结合对材料的了解,全面衡量,妥善取定。

10. 机械零件设计中的标准化(§2-10)

标准化是设计工作中一个重要的内容,要在熟悉现行的各种有关标准的前提下,在设计中运用和遵守标准。标准是人制订的,是为设计工作服务的。

可以把各种设计标准分为两类:一类是在设计中可以灵活处理的,例如直径标准、长度标准等;另一类通常是要严格遵守的,例如螺纹尺寸标准、齿轮模数标准等。虽然如此,在某些特定条件下,这类标准也还可以不予遵守,例如在航空航天工业中,由于部件的尺寸及质量的大小需严格限制,也不乏采用非标准齿轮模数的情况。

11. 机械现代设计方法简介(§2-11)

本节从总体上介绍了机械现代设计方法的特点及发展动向,并提出一些目前常见或较易见到的现代设计方法,目的是使读者对机械设计的新发展有所了解。为了扩展对本节内容的认识,特在本书E部分作了进一步的阐述,以供读者参考。

三、复习思考题

1. 设计机器时应满足哪些基本要求?试选定一台机器,分析设计时应满足的基本要求。

2. 机械零件有哪些主要的失效形式？试结合日常接触的机器举出其中几种零件的失效形式，并分析其原因。

3. 设计机械零件时应满足哪些基本要求？试举两例说明为什么设计零件时不能离开机器的要求。

4. 机械零件的计算准则与失效形式有什么关系？常用的有哪些计算准则？它们是针对什么失效形式而建立的？

5. 什么叫机械零件的可靠度？它与零件的可靠性有什么关系？机械零件的可靠度与它的失效率又有什么关系？

6. 机械零件常用的设计方法有哪些？各在什么条件下采用？

7. 设计计算与校核计算有什么区别？各在什么条件下采用？

8. 机械零件设计的一般步骤有哪些？其中哪个步骤对零件的最后尺寸起决定性的作用？为什么？

9. 选择零件材料时要了解材料的哪些主要性能？合理选择零件材料需考虑哪些具体条件？

10. 什么叫"局部品质原则"？试举出一种按照"局部品质原则"选用材料的实例。

第三章 机械零件的强度

一、本章主要内容、特点及学习要求

强度准则是最重要的设计准则。本章把各种零件强度计算的共性问题集中到一起，略去零件的具体内容，而突出阐述强度设计计算的基本理论和方法。这样做的目的在于使读者了解，以后各章中各种强度计算方法从本质上来讲都是一样的。不同零件的强度计算公式在形式上的不同，仅来源于零件本身的特殊性，以及设计工作中沿用的一些惯例，而不是强度计算方法的原则有什么不同。

本章开头只是一些定义性的内容。对于下列主要内容，应熟练掌握，达到灵活运用的程度。具体地讲，就是要能做到：

1. 了解疲劳曲线及极限应力曲线的意义及用途,能从材料的几个基本机械性能(σ_B,σ_S,σ_{-1},σ_0)及零件的几何特性,绘制零件的极限应力简化线图。

2. 学会单向变应力时的强度计算方法,了解应力等效转化的概念。

3. 了解疲劳损伤累积假说(Miner法则)的意义及其应用方法。

4. 学会双向变应力时的强度校核方法。

5. 会查用教材本章附录中的有关线图及数表。

二、本章重点、难点及学习注意事项

1. 对§3-1疲劳曲线内容的说明

绝大多数通用零件都是在变应力下工作的,因此,各式各样的疲劳破坏是通用零件的主要破坏形式。

1) 式(3-1)是描述疲劳曲线右侧(CD)部分的一种公式。除该式以外,在专门讨论疲劳强度的文献中还会看到其它形式的公式。但式(3-1)是有关公式中形式最简单、参数最少(只有m和C两个)、又能满足工程计算的精确性要求,并且应用起来最为方便的公式,所以在设计中应用最广泛。

2) 教材中N_0和N_D是两个不同的循环次数。N_0是人为规定的值,所以在不同的文献中,其值常有差异。而N_D是随着材料所固有的性质的不同,通过试验来测定的一个值。由于试验技术上的原因,各文献上对同一材料所介绍的N_D值也往往有所不同。这主要是因为试验条件及方法不同所致。

在本节中,主要的是要知道N_0和N_D在定义上是不同的,至于它们的具体数值,在以后章节中用到时都会给出的。顺便提一下,对于中碳钢一类的材料,在拉压、弯曲和扭转条件下,由于N_D的值不很大,所以常常以N_D值作为N_0值,即$N_0 = N_D$。

2. 对§3-1及§3-2极限应力线图的说明

要得到疲劳强度计算时的极限应力线图,应当在各种不同应

力循环特性 r 条件下进行材料的疲劳试验,先求出各不同 r 时的疲劳曲线。然后,根据这些不同的疲劳曲线,得到很多个对应于不同循环特性时的材料的疲劳极限 σ_{rN}。利用这些 σ_{rN},才能在 σ_a-σ_m 坐标上绘制出材料的极限应力线图。这是一条曲线,即图 3.1 上 $A'D'B$ 曲线。可是要得到这一条曲线,需要耗费惊人的物力及时间。因此,人们提出只利用很少的几个试验数据来近似地求得在工程应用上足够精确的极限应力曲线的方法。

图 3.1 所示的材料的极限应力线图,是用光滑的(无应力集中源的)、标准尺寸的试件通过试验的方法求出的,曲线 $A'D'B$ 为极限应力曲线。为了便于计算,可用线段 $A'D'$ 近似地代替 $\widehat{A'D'}$ (由图可知,这样简化,误差很小,但计算公式大大简化);对于塑性材料承受静应力时,其极限应力为屈服极限 σ_S,故可用 CG' 来表示其极限应力线(注意 CG' 上任一点所代表的极限应力均为 $\sigma_{\max} = \sigma_a + \sigma_m = \sigma_S$);再将 $A'D'$ 延长到 G',与 CG' 交于 G'。经过这样的简化,就得到了 $A'D'G'$ 和 $G'C$ 两条分别对应于变应力及静应力情况下的极限应力线。这就是教材图 3-3 所示的材料的简化极限应力线图。

教材图 3-4 是用有应力集中源的试件作试验求得的简化极限应力线图。有应力集中源的试件中的应力是按照公称(名义)应力来计算的,即根据截面尺

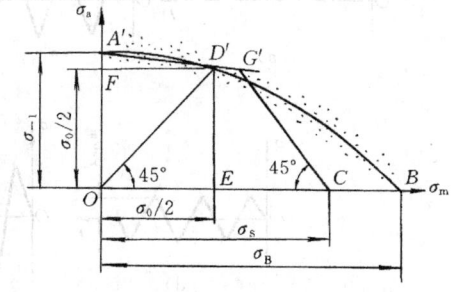

图 3.1 材料的极限应力线图

寸不考虑应力集中作用来计算应力的。由于有应力集中源,致使试件在 N_0 循环时发生破坏的试验载荷要比无应力集中源试件的破坏载荷低得多,因而求得的公称应力值就低得多。根据试验数据,人们发现 A' 和 A 以及 D' 和 D 点的纵坐标的比值基本上都等于

K_σ。因此,弯曲疲劳极限的综合影响系数 K_σ 只是在相同平均应力条件下,材料的与零件的极限应力幅的比值。这个意思在不少的书籍中表述为:综合影响系数只对应力幅有作用,对平均应力不发生影响。这就是式(3-9a)所表达的意思。

式(3-6)及(3-9a)中的"试件受循环弯曲应力时的材料常数" $\psi_\sigma \left(\psi_\sigma = \dfrac{2\sigma_{-1} - \sigma_0}{\sigma_0} \right)$,其含义就相当于某种材料能把所承受的弯曲平均应力转化成等效的弯曲应力幅的一种特性,所以 ψ_σ 也叫做"弯曲平均应力转化系数",亦即弯曲应力的平均应力部分被它乘了之后,就具有与弯曲应力的应力幅同等的疲劳损伤作用了。这个转化可以用图 3.2 来说明。不过,这样的分析是以应力的循环特性不变的工作情况为前提的。

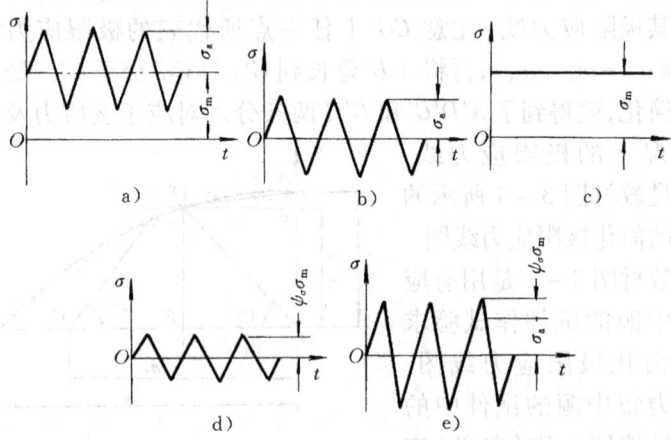

图 3.2 不对称循环变应力的等效转化(对称化)

由图可见,图 a 中的单向不对称循环变应力,可以分解为图 b 所示的对称循环变应力和图 c 所示的平均应力。图 c 的平均应力又可等效转化为图 d 所示的对称循环变应力,最后便可将图 b 与图 d 合成为图 e 中的对称循环变应力了。因此,这个应力的转化过程也可以叫做不对称循环变应力的等效对称化。这个应力等效转化的概念,就是把 $\sigma_m \neq 0 、\sigma_a \neq 0$ 的工作应力,转化成在强度上具有等效影响的对称循环变应力。

式(3-12)是各种文献中计算弯曲疲劳极限的综合影响系数 K_σ 的公式中的一种。除此以外,还有其它的 K_σ 的表达式。这说明了 K_σ 的计算式是人们根据经验拟合的,也就是说它是作者根据自己的经验和认识提出的,而不是一个理论公式。如果采用了其它书中的 $k_\sigma 、\varepsilon_\sigma 、\beta_\sigma 、\beta_q$ 等系数值,而这些数值又与本书配套教材中的不同,则应当用该书中的公式来计算 K_σ。

3. 对 §3-2(一)中单向稳定变应力时机械零件的疲劳强度计算的说明

单向稳定变应力虽然在实际的机械零件中是较少遇见的工作状况,但它的计算方法却是疲劳强度计算的基础。这是因为人们所知道的材料抗疲劳破坏的机械性能——σ_{-1} 或 σ_0 都是在实验室中按照单向稳定变应力的工作状况用试验方法决定的缘故。因此,一定要学好本节的内容。

在本书中,我们用平均应力 σ_m 和应力幅 σ_a 作为描述变应力的一对参量。这等效于用 $\sigma_a 、\sigma_m 、\sigma_{max} 、\sigma_{min}$ 和 r 中的任何两个作为参量的描述方法。

首先要明确的是:在一个已知的工作应力点(σ_m, σ_a)条件下,由于零件中可能发生的应力变化规律的不同,可以求出对应于此工作应力点的无数个极限应力,即极限应力曲线上任何一个点所代表的极限应力都有可能作为该工作应力的极限应力。对于基本的典型的应力变化规律,可以列出 $r = C, \sigma_m = C$ 及 $\sigma_{min} = C$ 这三种情况下的极限应力计算方法。

其次,零件在任一种应力变化规律下,都有可能出现静应力破坏或疲劳破坏的情况。到底哪一种破坏更易于发生,则取决于应力变化曲线可能和极限应力曲线的哪一段相交。如可能和 *AG* 部分相交,就说明零件将会首先发生疲劳破坏;如和 *GC* 部分相交,则首先会发生静应力破坏。由此导出不同的强度校核公式。

4. 对§3-2(二)中单向不稳定变应力时疲劳强度计算的说明

单向不稳定变应力时强度计算的依据是疲劳损伤累积假说,即式(3-28)。有些文献上把它叫做帕尔马格伦-迈纳(Palmgren-Miner)假说,或者简单地叫做迈纳(Miner)法则。这是一个基于能量观点的假说。该假说认为材料发生疲劳破坏,是该材料上所作用的外力对材料所作的功累积到一定值时的必然结果,并认为同等的变应力中每一应力循环都作同等的功,都对材料起同样的损伤作用。因此,设该变应力循环 N 次使材料发生疲劳破坏,则每一应力循环中外力所作的功就是引起破坏的总能量的 $\frac{1}{N}$,这个值就是一次循环的损伤率。虽然迈纳法则在许多实验条件下与试验数据不能很好地吻合,但作为概念,它还是反映了总和损伤率的统计关系。因此,就工程计算精确性的意义上来说还是可用的。

如果原来作用的是不对称循环的不稳定变应力时,就先对各级应力的 σ_m 乘以 ψ_σ,再加上该级的应力幅,把各级不对称循环变应力等效对称化,然后再用 k_s 系数进行等效稳定化。这样就可以当作对称循环稳定变应力来处理。

式(3-31)计算出不对称循环不稳定变应力的计算应力 σ_{ca},据此进行强度计算。

5. 对§3-2(三)中双向稳定变应力时的疲劳强度计算的说明

双向稳定变应力时的计算依据是教材中图3-11及式(3-34)。式(3-34)是用于同相位对称循环的弯曲和扭转变应力联合作用的情况。对于一般的平面应力状态,可以应用最大切应力理论进行强度计算。事实上,式(3-34)就是弯曲、扭转联合作用下最大切应力理论的表达式。由此可见,在变应力条件下最大切应力理论也是大致符合于试验结果的。

6. 对§3-3 机械零件的抗断裂强度的说明

本节只是引入低应力脆断的现象及断裂力学的概念,目的在于提醒读者,对于高强度钢材的结构和大型焊接件,高周疲劳强度的计算公式不再适用,而应考虑防止发生低应力脆断的问题。

7. 对§3-4 机械零件接触强度的说明

和所有其它条件下的强度一样,接触强度计算也包括接触应力的计算、极限应力与许用应力的确定以及强度条件的校核三部分。

极限应力与许用应力的确定,就是根据试验数据来确定接触疲劳极限,然后再根据使用经验确定安全系数,从而计算出许用应力。应当特别指出,用试验方法求接触疲劳极限时,由于试验条件的不同,可能有纯滚动及滚动带滑动两种情况。同样的材料在这两种条件下得到的接触疲劳极限值是有不小的差别的。

接触应力的分析必须藉助于弹性力学的方法。对于大多数工程专业的大学生来说,在学机械设计课程以前是不会安排弹性力学课程的。因此,学习本课程时,读者不必企图证明和推导式(3-36)。对这个公式,只要会使用就可以了。

三、复习思考题

1. 试解释我们常见到的摩托车前轮轴、汽车板簧、起重机减速器中齿轮齿根应力各属于应变疲劳还是高周疲劳范畴的变应力。再进一步解释这些变应力的应力比 r 值在哪个范围内。

2. 举例说明哪些零件工作应力的变化规律符合:a) r = 常数; b) σ_m = 常数;c) σ_{min} = 常数。

第四章 摩擦、磨损及润滑概述

一、本章主要内容、特点及学习要求

1. 主要内容

本章主要内容是对摩擦学所研究的主要对象(即摩擦、磨损和润滑的基本问题)作简单扼要的介绍,重点在于阐述摩擦和磨损的分类和机理,形成油膜的动压和静压原理,以及弹性流体动力润滑的基本知识。

2. 特点

因本章涉及的内容较广,为了使读者对摩擦学有一个概括的了解,所以本章包含的内容是较多的。这里只要求搞清概念,而无需作更深的探讨。

3. 学习要求

1)明确摩擦学所包含的主要内容、研究对象及发展摩擦学的重要经济价值。

2)对于干摩擦、边界摩擦、混合摩擦、流体摩擦的机理和物理特征要有扼要的了解。

3)初步了解磨损的一般规律(即磨损曲线)及各种磨损(粘附磨损、磨粒磨损、疲劳磨损、冲蚀磨损、腐蚀磨损和微动磨损)的机理和物理特征。

4)了解润滑的作用及润滑剂(油、脂)的主要质量指标。

5)掌握流体动力润滑的基本概念及楔效应承载原理,而对于弹性流体动力润滑和流体静力润滑只需有一个初步了解即可。

二、本章重点、难点及学习注意事项

1. 本章重点为:1)各类摩擦的机理与物理特征;2)各类磨损的机理与物理特征;3)流体动力润滑的基本原理。

2. 本章难点为楔效应承载理论及弹性流体动力润滑原理。

3. 本章内容分析及学习注意事项为:

1)概述部分

本部分应了解摩擦学所包含的主要内容和研究对象,以及摩擦、磨损与润滑之间的有机联系。明确摩擦是引起能量损耗的主要原因,磨损是造成零件失效和材料损耗的主要原因,而润滑则是减小摩擦和磨损的最有效的手段。随着科学技术的发展,材料和能源的节约日益重要,因此形成了一门新兴的学科——摩擦学。它是研究相对运动中相互作用着的表面工作情况的科学和技术。

2) 学习§4-1"摩擦"一节内容时应注意的问题

本节所讨论的摩擦,不是先修课程内容的简单重复,而是更着重于摩擦的机理和物理本质。学习时要注意了解各种摩擦的机理及其性态。

① 干摩擦 关于干摩擦的理论,主要有机械啮合理论、分子-机械理论、静电力理论和粘附理论。目前认为粘附理论对金属摩擦在宏观上提出了最满意的解释。

用粘附理论,结合实验结果,证明了经典摩擦定律的正确性,得出了干摩擦时的摩擦力与公称接触面积无关而与载荷成正比的结论[见教材第四章公式(4-2)及(4-3)]。

学习时要弄清以下概念:

a) 简单粘附理论认为真实接触面积 A_r 取决于软金属的压缩屈服极限 σ_{Sy} 和法向载荷 F_n。但这一结论有一定的局限性。修正粘附理论认为真实接触面积是由金属材料的塑性变形决定的。这是考虑在有摩擦的情况下,由于接触区同时作用有法向应力及切应力,并假设当最大切应力达到临界值时,材料发生屈服。因此,真实接触面积 A_r 应该是考虑法向载荷的影响所得到的接触面积与摩擦力产生的面积增量之和。

b) 简单粘附理论指出摩擦系数 $f=\tau_B/\sigma_{Sy}$,其中 τ_B、σ_{Sy} 皆指两金属中较软者的应力。对于大多数金属,比值 τ_B/σ_{Sy} 均较接近,因而各种金属的摩擦系数相差很小。教材末尾所列参考文献[22]对此的解释,认为是由于当两种硬金属发生摩擦时,其 τ_B 及 σ_{Sy} 都较高而真实接触面积 A_r 却很小,当软金属对硬金属摩擦时,其 τ_B 及 σ_{Sy} 都较低而 A_r 却较大的缘故。事实上,将按简单理论算得的摩擦系数绝对值与通过实验测得的数值作一比较,就可以证明它是不完全的。修正后的粘附理论是一种较符合实际的理论,虽然它仍以简单理论的模型为根据并作了若干假设,但它却能解释不少的摩擦现象。

② 边界摩擦 首先应该了解边界摩擦的性质,即这种摩擦特性主要取决于润滑油和金属表面的化学性质,其特征就在于相对滑动的两金属表面上形成了边界膜。

进而应搞清楚物理吸附膜、化学吸附膜和化学反应膜形成的机理和特点。明确前两种边界膜的润滑性能称为润滑油的油性,后一种则叫极压性。

因为纯粹的边界摩擦只是在理想的光整表面间才能实现,而这种理想的光整表面实际上并不存在,因此不可能有纯粹的边界摩擦。实际上,我们所说的边界摩擦都是边界摩擦与干摩擦的混合。例如,当两摩擦表面间的间隙很小或机器起动及停车时,均会出现这种摩擦状态。

③ 混合摩擦 首先应了解产生混合摩擦的条件,明确混合摩擦是一种兼有干摩擦、边界摩擦和流体摩擦的平均性质的摩擦。例如,在滑动轴承中,当轴颈滑动速度不足或润滑不足,而载荷过大时,便可产生这种混合摩擦(如内燃机的连杆销、十字滑块销和活塞销等);甚至正确设计和计算能达到流体摩擦的轴承在起动、停车及在磨合时间内也不可避免地会产生混合摩擦;此外,如在油中有硬质颗粒,其尺寸超过了油膜厚度,也会发生混合摩擦。

如何评定混合摩擦时表面微观峰尖与油膜分担载荷的情况,教材中介绍了膜厚比公式(4-1),即 $\lambda = h_{min}/(R_{q1}^2 + R_{q2}^2)^{1/2}$,它表示随着 λ 的增加,油膜所承担的载荷也增加。这是一个主要用于定性,且可粗略用来定量的公式,可供设计时确定摩擦状态的参考。

④ 流体摩擦 本小节中,对液体摩擦只作为一种摩擦状态来介绍,没有涉及一些理论分析问题,因而只需掌握两点:a)由于流体摩擦时摩擦面间的油膜厚度足够大($\lambda > 3 \sim 4$),油分子大都不受金属表面的吸附作用的支配而能自由移动,摩擦表现为油的粘性;b)形成流体摩擦是有一定条件的。

另外,本小节还提出了超润滑的概念,从而引入了对纳米摩擦学理论的认识。

3) 学习§4-2"磨损"一节内容时应注意的问题

① 首先应对机件磨损的普遍规律(即图4-6所表示的磨损曲线)有一个初步的认识,从而明确设计者的职责在于采取措施,力求缩短磨合期,延长稳定磨损期,推迟剧烈磨损期的到来。

② 教材中所讨论的五种型式的磨损,主要根据 J. T. Burwell 提出的分类方法。对这五种磨损型式的机理,读者应有一个概括性的认识。其中,粘附磨损、磨粒磨损和疲劳磨损是学习掌握的重点。对腐蚀磨损、冲蚀磨损以及复合形式的磨损(即粘附、磨粒、疲劳和腐蚀磨损形式的复合)——微动磨损则只需有个基本概念即可。

顺便指出,这些磨损形式可随工作条件的变化而转化。对于通常的机械摩擦副,主要是随相对滑动速度和载荷的变化而变化。

③ 这几种磨损形式中的粘附磨损、磨粒磨损及疲劳磨损,在以后分析齿轮传动、蜗杆传动、滑动轴承和滚动轴承的失效形式时均会碰到,因而要善于把三种磨损形式的机理和有关基本概念,与以后有关章节中所讲到的零件磨损情况具体地联系起来,以便进一步深化概念。

4) 学习§4-3"润滑剂、添加剂和润滑方法"一节时应注意的问题

① 首先应对润滑的作用,润滑剂的种类有一个初步的了解。

② 对于润滑剂这一小节中,重点是润滑油,对润滑脂只作一般了解即可。

润滑油的诸质量指标中,重点要了解粘度指标,明确服从式(4-6)所示粘性定律的润滑油是牛顿液体,油的粘度是流体润滑中极为重要的一个因素。对常用的粘度单位(动力粘度、运动粘度、条件粘度)的定义、量纲及不同粘度单位的相互换算方法应能掌握,并对润滑油的粘-温特性、粘-压特性有一个初步概念。

关于其它指标,只需建立一个印象,以便需要时查阅有关手册。

③ 润滑油、润滑脂的添加剂种类很多,主要了解添加剂的作用,特别是油性添加剂、极压添加剂对提高润滑油边界膜的强度所起的作用。

④ 润滑油或润滑脂的供应方法在设计中是很重要的,最好能结合生产实际掌握这一部分内容。

5) §4-4 流体润滑原理简介这一节中,流体动力润滑是学习本门课程时需掌握的一个重要内容。学习流体动力润滑时,主要在于搞清两滑动表面间动压油膜的形成原理。对弹性流体动力润滑这一部分内容只要求建立一个初步的概念。这部分内容写得比较概括,为便于理解,这里作一些简单的补充说明。

弹性流体动力润滑理论是计入了高压下油的粘-压特性在流体动压油膜形成中所起的重大作用,以及对接触区材料弹性变形的影响。例如,对于某些作相对滚动或滚动-滑动的两个受润零件,载荷的传递是通过零件的局部接触来实现的(如外啮合齿轮的轮齿之间,滚动轴承的滚动体与套圈之间,凸轮与从动件之间等)。因为局部压力很高,这时接触区的局部弹性变形量与油膜厚度差不多具有同样的数量级,因而都不能予以忽略。在这种受载条件下,接触体的局部弹性变形构成了受润零件间的油膜形状,而这个油膜所形成的流体动压力又起到使接触体产生弹性变形的作用,它们之间相互影响,互为因果,这就构成了弹性流体动力润滑理论的研究内容。

两个受润零件间是否能形成弹性流体动力润滑,不仅要看局部受载的大小和形成流体动压油膜所需的条件如何,而且还取决于接触体材料的弹性和油的粘-压特性。弹性流体动力润滑理论的研究目的是根据这种理论来求出高副接触处的最小油膜厚度。

根据对弹性流体动力润滑进行的大量计算结果,发现了如下的普遍规律:

a) 在靠近接触区出口处突然出现第二峰值压力（见图 4-18）。第二峰值压力不可忽视，因为它的数值很大而范围极窄，可能产生很高的表层下的应力，从而导致零件的点蚀破坏。

b) 在出口处的油膜厚出现一种缩颈现象，使得 h_{min} 比接触区平行部分的油膜厚 h_0 小 25%。这可解释为，当油从高压接触区排出后就迅速扩散开，压力便急剧下降，此时要保持流动的连续性，通道截面（即油膜厚）就必须减小，因而形成了这一油膜局部收缩现象。

c) 为了实现弹性流体动力润滑，必须计算其膜厚比是否能满足要求。

关于流体静力润滑只需了解其原理与流体动力润滑的本质区别即可。

三、复习思考题

1. 粘附理论的主要内容是什么？如何用粘附理论来解释经典摩擦定律？
2. 影响干摩擦时摩擦系数的主要因素有哪些？并给以物理解释。
3. 边界摩擦的特征是什么？试述其形成机理。
4. 何谓油性与极压性？
5. 混合摩擦的特征是什么？并简单说明膜厚比的物理意义。
6. 流体摩擦的特征是什么？
7. 机件磨损的过程大致可分为几个阶段？每个阶段的特征如何？
8. 试述各类磨损的机理，为什么说微动磨损是一种复合形式的磨损？
9. 结合具体的机械零件，各举一例说明粘附磨损、磨粒磨损和疲劳磨损发生的条件、磨损的形成、改善措施及设计时应考虑的问题。
10. 润滑油和润滑脂的主要质量指标有哪几项？

11. 什么叫粘度？粘度的常用单位有哪些？它们之间如何换算？

12. 什么叫油的粘－压特性和粘－温特性？

13. 试述在润滑油和润滑脂中加入添加剂的目的、种类及其所能达到的基本性能。

14. 流体动力润滑和流体静力润滑的油膜形成原理在本质上有何不同？

15. 什么是流体动力润滑中的楔效应承载机理？

16. 什么叫弹性流体动力润滑？

第二篇 联 接

"联接"一篇(第五~七章)中,主要是螺纹联接,其次是键、销联接。至于铆接、焊接、胶接和过盈联接,教材中只作了概略介绍,一般可按教材内容进行自学,如遇工作对其中某些部分特别需要时,还应查找有关资料进行补充学习。

本篇开头对各种联接作了概括论述,明确指出了学习本篇时,要掌握常用的联接方法和联接零件的结构、类型、性能、标准、适用场合,以及它们的设计理论和选用方法。

学习"联接总论"后,要思考以下几个问题:

1. 机械联接可分哪两大类?静联接又可分为哪两类?根据什么条件划分?选用它们时应考虑哪些因素?

2. 设计联接时,一般应考虑哪些因素?

3. 当一个联接中包含多个危险截面或工作面时,为什么要按最薄弱的部位来决定联接的尺寸?

4. 在具体的机器上找出几种联接,分析一下为什么要在那个部位采用那种联接。你认为采用哪种联接最为合适?为什么?

第五章 螺纹联接和螺旋传动

一、本章主要内容、特点及学习要求

1. 本章主要内容及特点

本章主要内容包括两部分:第一部分为螺栓联接的设计,包括螺栓联接的预紧、强度计算、螺栓组结构设计、受力分析及提高联结强度的措施等;第二部分为滑动螺旋传动的设计计算方法。

螺栓联接的设计与滑动螺旋传动的设计这两个部分,前者属于联接,后者属于传动。两者在内容上虽有一定的联系,但在设计要求上却有很大的差别。对于滑动螺旋传动,除了在设计中应保证强度、刚度等基本要求外,还应满足传动方面的特殊要求,如效率、自锁和传动精度等。

2. 本章学习要求

1) 对于螺纹联接的基本知识(§5-1~§5-4),应了解螺纹及螺纹联接件的类型、特性、标准、结构、应用场合及有关的防松方法等,以便在设计时能够正确地选用它们。

2) 对于螺栓联接设计及强度计算部分(§5-5~§5-7),应掌握其结构设计原则及强度计算的理论与方法,能正确进行螺栓组的受力分析并进行螺栓尺寸的计算及类型、规格的选用,能较为合理地设计出可靠的螺栓组联接。

3) 对于螺旋传动部分,主要是掌握螺旋传动性能(效率、自锁等)对螺纹选型的要求及主要零件(螺杆、螺母)的设计计算方法,并通过一种基本类型——螺旋起重器的设计,了解滑动螺旋传动的主要设计过程。对滚动螺旋传动和静压螺旋传动,只要求了解它们的工作原理。

二、本章重点、难点及学习注意事项

1. 本章重点有两个:其一是各类不同外载荷情况下,螺栓组中各螺栓的受力分析;其二是螺栓联接的强度计算,尤其是承受轴向拉伸载荷的紧螺栓联接的强度计算。

2. 本章中较为复杂的问题是承受倾覆力矩的底板螺栓组联接的设计。实用中,常把这种螺栓组联接设计成倾覆力矩作用在接合面的垂直对称面内,并作出一些假设(如底板为绝对刚性体、地基与螺栓皆为均质弹性体等),使问题得到简化。

3. 本章学习注意事项

1) §5-1~§5-4都是叙述性的内容,对做好螺栓联接的设计是必不可少的基本知识,复习时应当结合教材内容阅读机械设计手册。

2) 螺纹及螺纹联接件大都已标准化。设计时,对不太重要的螺纹联接一般只需根据不同情况进行选用,不需自行设计。对重要的螺纹联接,设计计算也只是确定螺栓危险截面的直径(螺纹小径),螺栓联接的其它部分尺寸由标准选定。但是,这并不排斥在个别特殊情况下,根据特殊的需要而自行设计某种非标准的螺纹联接件。

3) 螺纹联接的设计主要是螺栓组联接的设计(因为工程实际中螺栓联接通常是成组使用的)。其设计工作包括两部分内容:第一部分内容是正确进行结构设计,通过受力分析找出受力最大的螺栓;第二部分内容是按照单个螺栓联接的强度计算公式来设计这个受力最大的螺栓的尺寸,其余的螺栓则按同样尺寸选用。

4) 在设计螺栓组联接时,应正确解决以下几个问题:

① 螺栓组的布置 螺栓组中螺栓的个数及其在接合面上的布置方案,一般按照联接可靠、受力均匀、装拆方便及对称布置等原则并参考现有设备按经验确定。不同的布置方案将影响总的载荷在各个螺栓中的分配。在计算总载荷在各螺栓中的分配时,可以采用这样的步骤:先将总载荷分解,分解后所得到的载荷不外乎轴向力、横向力、扭矩和弯矩等四种基本情况;接着就按这四种情况分别进行载荷分配计算;然后再迭加起来,便得到了总载荷在各螺栓中的分配情况。在这四种基本情况中,承受倾覆力矩的底板螺栓组联接的载荷分配计算是一个难点,学习时要注意所采用的简化假定及受载前后各部分的载荷和应力变化的关系。

② 确定螺栓的拧紧力矩 紧螺栓联接所需要的扳手力矩和由此而产生的预紧力的大小,可以利用机械原理中关于螺旋副摩擦阻力的公式进行计算。拧紧力矩过大,将对强度产生不利的影响,而过小又不能保证联接的可靠性。因此,对于重要的螺栓联接,拧紧力矩或预紧力必须加以控制。所以,进行计算是必要的,而且应将计算的结果标注到相应的装配图纸上。与这一问题相联系的扳手拧紧力矩或预紧力的测定方法,以及拧紧后的防松措施,

也必须在设计时一并考虑。

③ 确定螺栓直径　螺栓的直径计算是整个螺栓联接设计的核心部分。因为只要直径定了,就可以根据标准确定螺栓其它部分的尺寸(螺栓的长度可根据被联接零件的厚度和螺母、垫圈等的厚度来确定)。教材中介绍了螺栓直径的简化计算方法,以及螺栓疲劳强度的精确校核方法。在螺栓疲劳强度的精确校核中,螺栓联接的受力变形线图应该给予特别的注意。弄清楚为什么当紧螺栓联接受到轴向拉伸载荷时,它的预紧力会变小,而螺栓的总载荷并不是预紧力与外载荷的和。在这个基础上,了解为什么降低螺栓刚度、增大被联接件刚度以及增大预紧力可以提高螺栓的抗疲劳能力。

④ 提高螺栓联接强度的措施　在初步确定以上三个问题的解决方案的基础上,还应该进一步考虑如何提高螺栓联接的强度。在各类机器中所见到的各种螺纹联接件,大多数是标准化了的。但也有许多重要的螺栓联接,所用的螺栓、螺母或垫圈具有各种非标准的形状。其原因可以从提高螺栓联接强度的措施这一节中找到答案。应该注意的是,提高螺栓联接强度并不是只有加粗直径这一途径。有时候,其它的措施可能更为合理,更为有效。特别是对于受变载荷的螺栓联接。

5) 在学习螺旋传动这一部分内容时,注意与前面的螺纹联接设计作比较,注意两者在螺纹类型选择、材料选择以及设计计算内容等方面的区别。

三、本章内容的分析和补充

1. 螺纹(§5-1)

由于各类螺纹大多已标准化,少量未标准化的也有了推荐尺寸。因而,在学习表5-1时,要从工艺性、工作时的自锁性、强度、适宜于承受载荷的类型、密封性、传动效率等方面进行互相比较,以掌握它们的特点及应用范围。这里应该指出:一般的三角形螺纹联接是不能起密封作用的;所有的螺纹联接都不能保证螺杆与螺母之间有较高的同心度或双头螺栓与被联接件之间有较高的垂直度。因此,一般地说,不能用它们来满足某种定位的要求。

2. 螺纹联接的类型和标准联接件(§5-2)

螺纹联接的种类很多,基本形式有螺栓联接、双头螺栓联接和螺钉联接三种。它们分别适用于不同的情况,包括被联接件的不同厚度和形状、不同的材料以及联接的装拆要求等。紧定螺钉联接、地脚螺栓联接、吊环螺栓联接及T型槽螺栓联接则是特殊用途的联接,因而具有与一般联接螺栓不同的形状。这些联接用的零件都已标准化,设计时应根据有关标准选用。

3. 螺纹联接的预紧(§5-3)

预紧力与拧紧力矩之间的关系式是根据机械原理课程中关于螺纹的摩擦力矩的计算公式得出的。应该注意到,由于螺纹联接中实际产生的预紧力比扳手一端所施加的拧紧力要大许多倍。因此,重要的螺栓联接要采用适当的方法与工具来控制拧紧力矩,使之既能达到预紧的目的,又不致拧断螺栓。

4. 螺纹联接的防松(§5-4)

应该指出,防松的根本点在于防止在螺栓联接受载时发生螺母和螺栓的相对转动。凡能达到这个目的的措施,都可以列为防松方法,只要有可靠的优点,完全可以自行创新设计,而不限于表5-3中所介绍的几种常用防松方法。一般地说,机械防松要比摩擦防松更为可靠,但成本较高,因而只宜用于比较重要的或机器内部不容易检查到的地方。

5. 螺纹联接的强度计算(§5-5)

对于一般的紧螺栓联接,在进行强度计算时,可以将总拉力增大30%以考虑拧紧时的扭转切应力的影响。由于螺栓的相对刚度不易计算准确,总拉力也不易计算准确,因此,这一计算是近似的,但可以认为是偏于安全的。另外,在计算时假定应力在危险截面上均匀分布。实际上,在螺纹根部有严重的应力集中,这一点在变应力计算中通过综合影响系数 K_σ 来考虑。

在强度计算公式中,许用应力$[\sigma]$由屈服极限σ_S除以安全系数S得出,而安全系数则由表5-10查出,它考虑了计算中各种不准确性的因素。在强度计算公式中所使用的载荷应当是计入各种影响后螺栓承受的总的载荷。对于松螺栓联接,这个总载荷就是工作载荷F;对于只承受预紧力的紧螺栓联接,这个总载荷要考虑拧紧力矩的影响,它等于预紧力F_0的1.3倍;对于同时承受轴向工作载荷的紧螺栓联接,考虑受载后补充拧紧的影响,这个总载荷是总拉力F_2的1.3倍。对于铰制孔用螺栓联接的强度计算,所用的安全系数也由表5-11给出。

6. 螺栓组联接的设计(§5-6)

本节除应掌握螺栓组联接结构布置的一些原则外,还应注意到有些简化假设是有一定条件的。例如,假设铰制孔用螺栓组联接在受横向载荷时,各个螺栓均匀受力。这种假设只适合于沿载荷作用方向排列的螺栓个数不很多的情况。

下面对受倾覆力矩的螺栓组联接的受力分析作一些补充说明。

1) 计算时假定底板是刚性的,倾转时不变形,即仍保持为平板;地基与螺栓则是弹性的。同时,假定底板在受到倾覆力矩作用时,将绕对称轴线$O-O$倾转(参阅教材图5-25)。后面的分析及所得到的计算公式都是在这个假定的前提下产生的。这一假定对于刚性(例如钢或铸铁的)底座安装在弹性(例如水泥的)地基上是合适的。如果不是这样,则随着地基和螺栓的刚度的不同,倾转中心的位置将发生变动。对于图5-25所示的受力情况,如果地基相对螺栓来说,刚度增大,倾转中心将移向右侧,各螺栓和地基所受的载荷情况将随之而变动,其变动情况可以用相同的方法进行分析。

2) 螺栓组中受力最大的螺栓的工作拉力F_{max}可由式(5-31)计算出,即$F_{max} = ML_{max} / \sum_{i=1}^{z} L_i^2$,其中各符号的意义见教材。

这里应注意的是,F_{max}只是受力最大的螺栓中的工作载荷,它

的总载荷应为 $F_2 = F_{max} + F_1$,设计时应按总载荷 F_2 来计算螺栓所需的最小直径。

3) 为了防止接合面受压最大处被压碎或受压最小处出现间隙,应该按式(5-32)及(5-33)检查,受载后的 σ_{pmax} 不超过允许值,σ_{pmin} 不小于零,即

$$\sigma_{pmax} = \sigma_p + \Delta\sigma_{pmax} \leq [\sigma_p]$$

$$\sigma_{pmin} = \sigma_p - \Delta\sigma_{pmax} > 0$$

这里 $\Delta\sigma_{pmax}$ 代表由于加载而在地基接合面上产生的附加的挤压应力的最大值。它由公式(5-34)计算:

$$\Delta\sigma_{pmax} = \frac{1}{W}\left(M \cdot \frac{C_m}{C_m + C_b}\right)$$

其中 W 为接合面的抗弯截面系数。这里 M 乘以地基的相对刚度 $\frac{C_m}{C_m + C_b}$ 是因为由于 M 而引起的力的变化包括两部分,一为地基的,一为螺栓的,两者的分配比例与它们的刚度大小成正比。

7. 螺纹联接件的材料及许用应力(§5-7)

国家标准规定螺纹联接件按材料的力学性能分级(见表5-8,5-9),螺栓材料力学性能等级的标记代号由"·"隔开的两部分数字组成,第一部分数字("·"前)表示公称抗拉强度(σ_B)的 1/100;第二部分数字("·"后)表示公称屈服极限(σ_S)或公称屈服强度($\sigma_{0.2}$)与公称抗拉强度(σ_B)比值(屈强比)的 10 倍。这两部分数字的乘积为公称屈服极限(σ_S)或公称屈服强度($\sigma_{0.2}$)的 1/10。例如强度级别标记为 4.6,表示材料的抗拉强度极限为 400 MPa,屈强比为 0.6,屈服极限为 240 MPa。

标准又规定螺母材料的强度不低于与之相配的螺栓材料的强度。螺母材料性能等级的标记由可与之相配的螺栓的最高性能等级标记的第一部分数字标记。这样规定保证了联接的承载能力可达到螺栓或螺钉的最低屈服极限,在这之前不致发生螺母脱扣。

所以对螺纹联接,一般是按照不发生螺杆断裂而不是螺母脱扣来进行设计计算的。

在关于安全系数的表 5-10 中,所谓不控制预紧力的简化计算,指的是计算时不考虑预紧力,只考虑工作载荷。

8. 提高螺纹联接强度的措施(§5-8)

本节中所叙述的几条提高螺纹联接强度的措施都是很重要的。对于重要的螺纹联接,特别是承受变载荷的,应该考虑采用这些措施。这时,就不一定采用标准的螺纹联接件了。

对于承受变载荷的重要螺栓联接,特别当螺栓比较长时,为了降低螺栓刚度,常常采用腰状杆螺栓或空心螺栓等非标准螺栓(参阅教材图 5-28)。为了改善受力状况,螺母也要设计成悬置螺母。

为什么悬置螺母可以改善螺纹牙上的载荷分布不均呢?因为原来螺母受压,螺杆受拉,两者的变形不协调,引起载荷分布不均匀;改为悬置螺母后,两者都变为受拉,变形比较协调,载荷分布也就比较均匀了。

9. 螺旋传动(§5-9)

学习这一部分内容时,应该注意螺旋传动与前面的螺纹联接的差别。虽然它们都由带螺纹的零件组成,但两者工作情况完全不同,从而在设计要求上也有很大差别。对螺旋传动来讲,由于要传递运动,主要要求保证螺旋副有较高的传动效率和磨损寿命。从这一基本点出发,去理解它的结构设计、材料和设计计算方法的特点以及与螺纹联接的差别。

虽然滚动螺旋传动和静压螺旋传动在精密机械中已有广泛的应用,但限于篇幅,在本节只对它们作简单的介绍,而把主要的重点放在最基本的滑动螺旋传动的设计和计算上。

四、复习思考题

1. 常用的螺纹有哪几类?它们各有什么特点?其中哪些已标准化?

2. 常用的螺纹联接零件有哪些？螺纹联接有哪几种基本类型？各适用于什么场合？

3. 螺纹联接为什么要预紧？预紧力的大小如何保证？

4. 螺纹联接常用的防松方法有哪几种？它们是如何防松的？其可靠性如何？试自行设计一种防松方案。

5. 在受横向载荷的螺栓组联接中，什么情况下宜采用铰制孔用螺栓？

6. 什么叫螺栓刚度？什么叫被联接件刚度？在一个联接系统中，联接件与被联接件是按照什么原则划分的？

7. 在受倾覆力矩的螺栓组联接中，地基和螺栓的刚度各对载荷分配有什么影响？

8. 受拉伸载荷作用的紧螺栓联接中，为什么总载荷不是预紧力和拉伸载荷之和？

9. 提高螺栓联接强度的措施有哪些？这些措施中哪些主要是针对静载荷？哪些主要是针对变载荷？

10. 为什么有些气缸盖联接螺栓采用细腰结构的长螺栓？

11. 螺纹联接件的常用材料是什么？对螺栓和螺母的材料有什么要求？

12. 对滑动螺旋传动用的螺纹有什么特殊要求？

13. 螺旋起重器的设计包括哪些内容？

14. 试提出一种新型的滚动螺旋传动。

第六章　键、花键、无键联接和销联接

一、本章主要内容及学习要求

本章主要内容为键及花键联接的类型、结构、特点、应用场合、失效形式和强度计算。

键、花键和销大多已标准化，因此学习本章的主要要求是：

1. 了解键联接的主要类型及应用特点，掌握键的类型及尺寸的选择方法,并能对平键联接进行强度校核计算。

2. 了解花键联接的类型、特点和应用。掌握花键联接强度校核计算方法。

3. 对无键联接、销联接的类型、特点及应用有一定的了解。

二、本章重点及学习注意事项

本章重点是键和花键的类型、尺寸选择和强度校核方法。

学习本章时应该注意：

1. 根据轴与毂是否有相对轴向移动,平键联接和花键联接都可分为静联接与动联接。由于静联接与动联接的失效形式不同,因而计算准则也不相同。对于静联接与动联接,强度校核公式中的主要区别在于许用值不同。当静联接与动联接的材料相同时,$[\sigma]_p \approx (2 \sim 3)[p]$。在选取许用值时应注意,$[\sigma]_p$ 和 $[p]$ 应为联接中最弱材料的许用值。

2. 图 6-6 所示的平键联接受力情况只是为了计算方便而进行的一个简化假设,即认为载荷在键的两侧工作面上均匀分布。实际上这样的载荷分布情况是不可能成立的。若取键作为分离体(图 6.1a),可知键并非处于平衡状态,而是要沿顺时针方向转动。因而可以判定,键在工作时两侧面压力的合力 F_R 必须共线(图 6.1b),键才能处于平衡状态。因此,实际上载荷在键两侧工作面的高度方向上为不均匀分布。此外,由于轴的扭转变形,实际上载荷在键的长度方向上也是不均匀分布的。

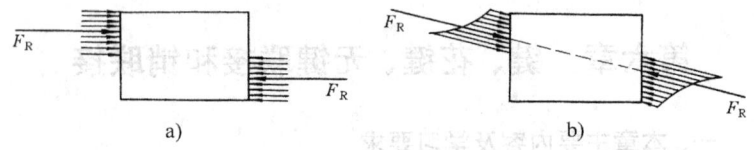

图 6.1 平键工作时的载荷分布

3. 在花键联接强度计算式(6-5)和(6-6)中,考虑到载荷不可能均匀地分配到各个花键齿上,所以引入了一个载荷分配不均系数 ψ。在制造及安装精度相同的情况下,齿数愈多,载荷在各花键齿上的分配就愈不均匀，ψ 的取值愈应偏于 0.7～0.8 的下限。与平键联接相似，载荷在每个花键齿的高度方向上和长度方向上也是不均匀分布的。应说明的是，载荷分配不均系数 ψ 并未考虑上述载荷分布不均的影响。

4. 平键联接和花键联接中，存在着载荷分布不均的问题；在用花键联接或沿周向多于一个平键联接时，还存在着载荷分配不均问题；其它机械零件工作时也常存在这方面的问题。因此，零件的计算模型与零件实际工作情况之间必然存在着差距，该差距的大小与计算模型的简化程度有关。在机械零件的强度计算中，这方面的影响常用由试验得到的许用应力或用修正系数等来考虑。在平键联接和花键联接中，载荷分配不均的影响由修正系数来考虑，而载荷分布不均的影响是在许用应力中加以考虑的。

三、复习思考题

1. 如何选取普通平键的尺寸 $b \times h \times L$？它的公称长度 L 与工作长度 l 之间有什么关系？

2. 圆头、平头及单圆头普通平键各有何优缺点？分别用在什么场合？轴上的键槽是怎样加工的？

3. 普通平键联接有哪些失效形式？主要失效形式是什么？怎样进行强度校核？如经校核判定强度不足时，可采取哪些措施？

4. 当用一个平键联接而强度不足时，可否在同一段轴、毂上采用两个或三个平键联接？它们在布置上和强度计算上有何区别？

5. 平键和楔键在结构和使用性能上有何区别？为何平键应用较广？

6. 导向平键联接与滑键联接有何异同？各在什么场合使用？

7. 花键联接和平键联接相比有哪些优缺点？

8. 在花键联接强度计算中为什么要引入载荷分配不均系数 ψ？它的取值范围如何？影响取值大小的主要因素是什么？如经校核判定强度不足时，可采取什么措施？

9. 常用的花键齿形有哪几种？各用于什么场合？
10. 型面联接与胀紧联接各有何特点？
11. 销有哪几种类型？其中哪些销已有国家标准？
12. 试述槽销的结构特点及使用范围。

第七章 铆接、焊接、胶接和过盈联接

一、主要内容、特点及学习要求

1. 主要内容

本章每节讲解一种联接，因而只是简要阐述了关于铆接、焊接、胶接和过盈联接的基本知识，其中主要是：

1）铆缝的类型、结构、应用场合、受力状况、破坏形式及设计计算概要。

2）电弧焊缝的基本类型、结构、应用场合、受力状况、破坏形式及强度计算。

3）胶接接头的类型、结构、应用场合、受力状况、破坏形式及设计要点。

4）过盈联接的类型及应用，过盈联接的工作原理、装配方法、受力及应力状态、失效形式及设计方法。

2. 特点

1）本章所述几种联接的结构设计、工艺要求、强度计算、许用应力等，都与它们各自的专业技术规范或规程密切相关，因而教材提供的资料只适用于一般的情况，具体设计时，都应以各有关专业的技术资料为依据。

2）焊缝强度计算是根据在多种假设条件下建立的简化了的力学模型，并通过实验取得强度校核用的许用应力。采用这种"条件计算"的原因是：焊缝受力时附近的应力分布情况非常复杂（图7.1、7.2、7.3)，应力集中及内应力很难准确决定，而通过热处理等工艺措施又可得到一定的改善。在这种情况下，采用"条件计算"既可使计算程序大为简化,又能保证焊缝经得起实践的考验。

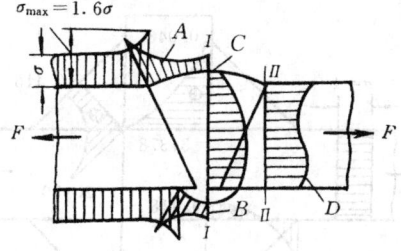

图 7.1 对接焊缝受拉时的应力分布

3)胶接强度的计算方法一般较为复杂,目前还未达到适合工程需要的简明而通用的程度,同时,在通用机械中胶接还应用较少,故本章未予详细介绍。

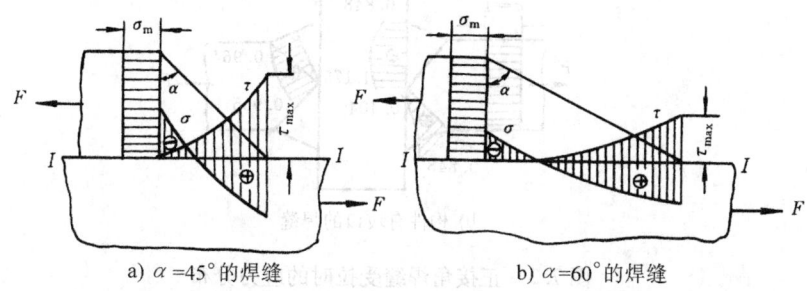

a) $\alpha = 45°$ 的焊缝　　　　b) $\alpha = 60°$ 的焊缝

图 7.2　搭接角焊缝受拉时的应力分布(σ_m 表示均布应力)

3. 学习要求

了解关于前述几种联接的基本知识(类型、结构、应用场合、常用材料、有关标准和工艺要求),掌握它们的受力状况、破坏形式和基本的设计计算方法。

二、本章重点及学习注意事项

1. 重点

本章重点是前述几种联接的受力状况、破坏形式及设计要点。

2. 学习注意事项

1)要明确在联接设计中,必须同时满足联接强度和联接零件本身的强度这两个要求,并学会相应的计算方法。

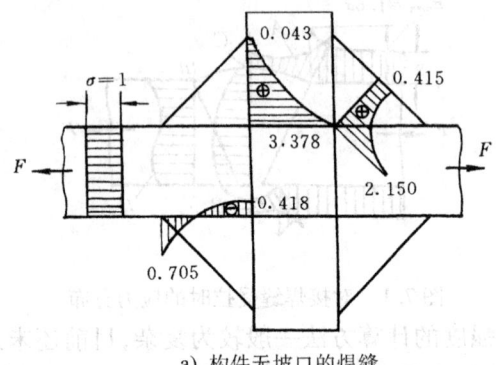

a) 构件无坡口的焊缝

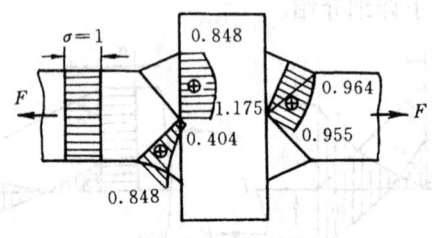

b) 构件有坡口的焊缝

图 7.3　正接角焊缝受拉时的应力分布

2）要正确理解焊缝强度计算公式的条件性,掌握某些计算公式(如表 7-2 中图 e 对应的强度计算公式)与一般力学计算公式的差异。

3）过盈联接中,联接零件强度计算的理论基础是厚壁圆筒的应力分析,如对这部分内容还不够熟悉,应先复习材料力学中的这一部分,以便为顺利进行学习准备条件。

4）过盈联接最大径向压力的计算公式(7-11a)只适用于弹性变形范围,而不适用于塑性变形范围。另外,它没有计入离心力的影响,因而也不适用于高转速的过盈联接。

5）当过盈联接的配合部位 p_{max} 很大而有可能进入塑性变形

范围时,应按式(7-15)、(7-16)给出的条件进行检验,以判断联接是否仍可正常工作。

6) 过盈联接设计计算的步骤较多,学习时应自行理出一个线索,并搞清何时计入式(7-12)中的 $2u$ 及何时不计入 $2u$ 的原因。

7) 采用过盈联接时,应注意对配合部位的应力集中情况采取适当的结构措施(参看图15-19),以提高联接的工作能力。

8) 由于本章只是简要介绍有关前述几种联接的基本知识和一般资料,当遇专业需要或工作中使用到其中某个部分时,还应适当加学有关的专业规范和技术资料,决不应移花接木,混淆使用条件。

三、复习思考题

1. 铆缝有哪些类型和破坏形式?怎样校核铆缝的强度?

2. 什么叫铆缝的强度系数?怎样计算?

3. 当其它条件完全相同时,搭接、单盖板对接、双盖板对接等几种铆缝中,哪种的承载能力最高?

4. 焊缝有哪些主要类型?其受力状况及破坏形式如何?怎样计算它们的强度?

5. 进行焊缝强度计算时,以哪些假设条件为基础?这样做的目的是什么?

6. 什么叫焊缝的强度系数?怎样才能使对接焊缝的强度等于母板的强度?

7. 当其它条件完全相同时,对接、搭接、单盖板对接、双盖板对接等几种焊缝中,哪种的承载能力最高?

8. 在什么情况下采用不对称侧面角焊缝?如何分配两侧角焊缝的长度?

9. 设计制造焊接件时,应采取哪些基本工艺措施?

10. 焊缝的许用应力与哪些因素有关?为什么对于单边焊接的角钢,焊缝的许用应力要比表7-3中的数值适当降低(25%)?

11. 为什么对于搭接角焊缝通常限制其搭接长度 $u \geq 4\delta$(参看

图7-9a)?

12. 胶接接头有哪些结构形式、受力状况、失效形式和设计要点?

13. 过盈联接的设计步骤和计算方法怎样?

14. 在过盈联接的计算中,何时计入式(7-12)所示的$2u$?何时不计入$2u$?为什么?

15. 在过盈联接的强度验算中,如果发现包容件(轮毂)的强度不足,可采取什么合理措施?

16. 当p_{max}很大时,怎样检验过盈联接中塑性材料零件有未产生塑性变形?满足什么条件才能保证联接正常地工作?

17. 改善过盈联接中应力集中情况可采取哪些结构措施?

第三篇 机械传动

一、主要内容与学习要求

这部分内容是关于常用机械传动的综论,主要论述机械传动装置的重要性、概括分类与特性对比,并阐明选择机械传动类型时所应根据的主要指标及进行综合考虑的一般原则。

由于本书对摩擦轮传动不单独列为一章,只在第十八章"减速器和变速器"里作一简略介绍,所以关于摩擦轮传动的基本知识请参看第十八章。

学习这部分内容(传动总论)时,要明确机械传动在机器中的地位与作用,了解各类机械传动性能特点及常用参数范围,并能掌握根据使用要求(性能指标)选择机械传动类型的原则。

长期的实践证明,滚动化是机械传动设计中值得研究的课题,教材中所以要在好几种传动(特别是较新型的传动)中给出以滚动代替滑动的例子,就是为了提高传动的效率和寿命。

二、复习思考题

1. 为什么绝大部分机器的原动机与工作机(执行部分)之间都有机械传动装置?试举出一种原动机直接驱动工作机的例子。

2. 机械传动可分哪些类型?各举一个例子。

3. 你看到过什么样的机械传动在教材里还没有提到?用在什么地方?工作情况如何?

4. 机械传动有哪些主要参数?选择机械传动类型时,应综合考虑哪些指标?

第八章 带传动

一、本章主要内容、特点及学习要求

1. 主要内容

本章主要内容是带传动的类型、工作原理、特点及应用,带传动的受力情况、带的应力、弹性滑动和打滑,以及V带传动的设计准测和设计方法等。最后对高速带传动和同步带传动作了简要介绍。

2. 特点

本章特点是讨论一种以柔韧体(带)为中间体的摩擦传动。带必须具有初拉力才能在工作时产生摩擦力和松、紧边的拉力差(有效拉力)。同时,由于带是柔韧体,它本身不可避免的弹性变形,必然在带轮上产生弹性滑动。此外,与啮合传动相比,摩擦传动还有一种特别的失效形式——打滑。

3. 学习要求

1) 了解带传动的类型、特点和应用场合。

2) 熟悉普通V带的结构及其标准、V带传动的张紧方法和装置。

3) 掌握带传动的工作原理、受力情况、弹性滑动及打滑等基本理论、V带传动的失效形式及设计准则。

4) 了解柔韧体摩擦的欧拉公式、带的应力及其变化规律。

5) 学会V带传动的设计方法和步骤。

二、本章重点、难点及学习注意事项

1. 在§8-1中主要应掌握:

1) 对带传动的工作原理,重点是从本质上了解带传动是一种摩擦传动。同时明确靠摩擦传递动力时,摩擦面间一定要有足够的正压力,而带与带轮间的正压力是靠把带张紧而产生的。

2) 对各种带传动的特点,应着重了解平带传动与V带传动的特点,并加以比较。

3) 对 V 带的结构,应着重了解各种 V 带的结构特点,并加以比较。

4) 对普通 V 带的结构及其标准,应注意将帘布芯结构与绳芯结构加以比较。

5) 在分析 V 带传动的工作原理时,应该联系槽面摩擦理论。V 带的工作面是两个侧面,因而与平带相比,在同样的张紧力下,带与带轮间能产生较大的正压力及摩擦力,所以能传递较大的圆周力。

2. 带传动工作情况的分析(§8-2)一节是本章的理论基础,包括以下主要内容:

1) 带传动的受力情况分析。其核心就是要找出紧边拉力 F_1、松边拉力 F_2、初拉力 F_0、有效拉力 F_e 的关系式。从这些关系式中可以得到以下重要结论:

① 带在工作时,带的两边即产生拉力差,绕上主动轮的一边拉力增大而成紧边,绕出主动轮的一边拉力减小而成松边,而且紧边拉力的增加量应等于松边拉力的减少量。在由静摩擦向动摩擦过渡的极限状态时,紧边拉力 F_1 与松边拉力 F_2 之间存在着 $F_1/F_2 = e^{f\alpha}$ 的关系。

② 有效拉力 F_e 等于带与带轮整个接触面上的总摩擦力 F_f,即等于紧边拉力 F_1 与松边拉力 F_2 之差,见式(8-2)。

2) 关于最大有效拉力。学习这一部分内容时,应该明确以下几个概念:

① 柔韧体摩擦的欧拉公式(8-5)是在具有打滑趋势时摩擦力达到极限值的条件下推导出来的。

② 式(8-5) $\dfrac{F_1}{F_2} = e^{f\alpha}$ 中,只给出了 $\dfrac{F_1}{F_2}$ 的比值,并未给出 F_1 与 F_2 的实有值,例如 $\dfrac{F_1}{F_2} = 2$ 时,可以有 $\dfrac{4}{2}, \dfrac{8}{4}, \dfrac{15}{7.5}, \cdots$ 无数个不同的实

有值的比值,此时,可由 F_1-F_2 分别得出 2、4、7.5 等不同值的有效拉力 F_e。

③ 在一定的 F_1/F_2 的条件下,F_1 与 F_2 的具体数值取决于初拉力 F_0 的大小,故 F_0 对传动有很大的作用,例如 F_0 等于 0 时,就根本不能传动。

④ 由式(8-7)可知,最大有效拉力 F_{ec} 的大小取决于初拉力 F_0、包角 α 和摩擦系数 f 的大小。

⑤ 实际有效拉力的数值与传动中的包角大小和摩擦系数无关,它是一个已知数,是由传递的功率 P 和带的速度 v 决定的。

3)关于带的应力分析,应注意以下几点:

① 分析带在工作时的各种应力,包括拉应力 σ、弯曲应力 σ_b、离心应力 σ_c 的分布情况以及最大应力发生在何处。

② 弯曲应力 σ_b 与带的厚度 h 和带轮节圆直径 d_p 有关,这就是要限制 h/d_p,特别是要限制小带轮节圆直径 d_{p1} 的原因。

③ 离心应力 σ_c 实际上是由离心力(惯性力)引起的拉应力的增量。其根本原因在于带绕带轮作等速圆周运动时,必须有一个使带连续向轮心弯转的力,以产生向心加速度 $2v^2/d_p$,因而就必然产生一个与该力方向相反的离心力。这个离心力就产生了带上的拉应力增量,即称为离心应力。

④ 离心应力与带的线密度(单位为 kg/m)和带的速度有关,这就是需要限制带速的原因。

⑤ 根据带工作时应力大小和变化情况,以及保证带传动时不打滑的条件,来分析带传动的失效形式和确定带传动的设计准则。

4)带的弹性滑动和打滑,是本章中的一个重点,也是一个难点。为了加深对这一概念的理解,可通过带传动的实验来建立感性认识。学习这一部分内容,应该明确以下几点:

① 带在工作时产生弹性滑动的根本原因在于带本身是弹性体,而且带的紧边与松边之间存在着拉力差。由于带从紧边转到

松边时,其拉力减小,要产生弹性收缩;反之,带从松边转到紧边时,其拉力增大,要产生弹性伸长。因而带在工作过程中就不可避免地要产生弹性滑动。

② 带的弹性滑动并不是发生在相对于全部包角的接触弧上,而总是发生在位于滑动角内的那一部分接触弧上。

③ 由于弹性滑动的影响,将使实际平均传动比大于理论传动比。但在一般的传动中,因滑动率并不大($\varepsilon = 1\% \sim 2\%$),故可不予考虑。

④ 打滑是由于要求带所传递的圆周力超过了带与带轮间的最大摩擦力(即最大有效拉力),使滑动角扩大到几何包角而引起的,它是必须避免的。

3. 关于 V 带传动的设计计算,着重于学会 V 带传动的设计方法和步骤。应该明确为什么要使小带轮基准直径 $d_{d1} \geqslant d_{d\,min}$,带的速度 5 m/s $< v <$ 25 m/s,主动轮包角 $\alpha_1 \geqslant 120°$(至少 90°),带的根数 $z < 10$。另外还应搞清楚包角系数 K_α、长度系数 K_L、计及传动比影响时单根带所能传递的功率增量 ΔP_0 等的意义。当传动比 $i = 1$ 时,应该取 $K_\alpha = 1$,$\Delta P_0 = 0$。

本节中计算带传动作用在轴上的压力 F_p 主要是为以后进行轴的设计作准备的,它在带传动的设计中是用不着的。

4. "V 带轮的设计"一节中,除应了解 V 带轮应满足的要求外,还应着重掌握根据带轮直径来选择其结构型式,根据带的型号来确定轮槽的尺寸。

应该说明的是,V 带两侧面夹角为 40°,而轮槽楔角常是 34°、36°或 38°,其原因是 V 带在带轮上弯曲时,截面形状发生了变化,外边(宽边)受拉而变窄,内边(窄边)受压而变宽,因而使带两侧面的夹角变小。带轮基准直径越小,这种变化越显著。为使带的两侧面和轮槽有较好的接触,应使轮槽楔角小于 40°,且随着带轮基准直径的减小而减小,见表 8-10。

5. 在 §8-6 一节中,主要是对高速带传动和同步带传动作一般性的介绍。对于高速带传动应着重了解其设计特点。同步带传动是一种新型传动,对它应着重了解其工作原理和特点。

三、关于 V 带传动设计的流程图

为了便于总结 V 带传动的设计步骤,现结合§8-3 及本章的例题,给出图 8.1 所示的设计流程图。同时供读者总结其它章节中较复杂的设计过程时参考。

四、复习思考题

1. 与平带传动比较,V 带传动有何优缺点?
2. 在相同条件下,为什么 V 带比平带的传动能力大?
3. 我国生产的普通 V 带有哪几种型号?窄 V 带有哪几种型号?
4. 什么叫带轮的基准直径?已知大、小带轮基准直径为 d_{d2}、d_{d1},中心距为 a,试推导带的基准长度 L_d 的计算公式。
5. 为什么普通 V 带截面角为 40°,而其带轮的槽形角常制成 34°、36°或 38°?什么情况下用较小的槽形角?
6. 带的紧边拉力和松边拉力的大小取决于什么?它们之间有什么关系?
7. 何谓带传动的弹性滑动及打滑?是什么原因引起的?对传动的影响如何?二者的性质有何不同?
8. 计及带传动的弹性滑动的影响时,如何计算其传动比?
9. 何谓滑动率?滑动率如何计算?
10. 带传动在什么情况下才发生打滑?打滑发生在大轮上还是小轮上?刚开始打滑前,紧边拉力与松边拉力有什么关系?
11. 影响带传动工作能力的因素有哪些?
12. 带传动工作时,带内应力变化情况如何? σ_{max} 产生在什么位置?由哪些应力组成?研究带内应力变化的目的何在?
13. 带传动的主要失效形式是什么?单根 V 带所能传递的功率是根据什么准则确定的?
14. V 带传动的设计计算方法和步骤如何?通常已知哪些数

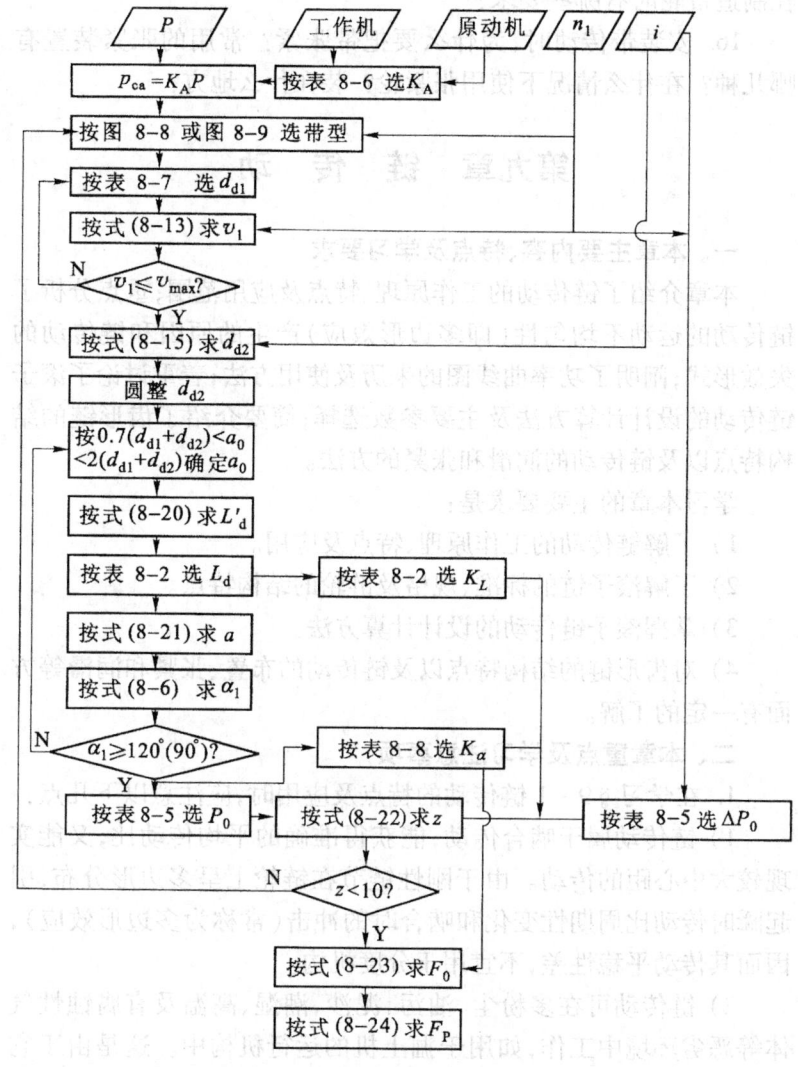

图 8.1　V 带传动的设计流程图

据？需求出哪些结果？

15. 带轮多用哪些材料制造？选择材料时应考虑哪些因素？

· 51 ·

在制造带轮时有哪些要求？

16. 安装带传动时，为什么要把带张紧？常用的张紧装置有哪几种？在什么情况下使用张紧轮？装在什么地方？

第九章 链 传 动

一、本章主要内容、特点及学习要求

本章介绍了链传动的工作原理、特点及应用范围；重点分析了链传动的运动不均匀性（即多边形效应）产生的原因和链传动的失效形式；阐明了功率曲线图的来历及使用方法；着重讨论了滚子链传动的设计计算方法及主要参数选择；简要介绍了齿形链的结构特点以及链传动的润滑和张紧的方法。

学习本章的主要要求是：

1) 了解链传动的工作原理、特点及应用。
2) 了解滚子链的标准、规格及链轮的结构特点。
3) 掌握滚子链传动的设计计算方法。
4) 对齿形链的结构特点以及链传动的布置、张紧和润滑等方面有一定的了解。

二、本章重点及学习注意事项

1. 在学习§9-1链传动的特点及应用时，应注意以下几点：

1) 链传动属于啮合传动，能获得准确的平均传动比，又能实现较大中心距的传动。由于刚性链节在链轮上呈多边形分布，引起瞬时传动比周期性变化和啮合时的冲击（常称为多边形效应），因而其传动平稳性差，不宜用于分度机构。

2) 链传动可在多粉尘、油污、泥沙、潮湿、高温及有腐蚀性气体等恶劣环境中工作，如用于掘土机的运行机构中。这是由于它是一种非共轭啮合传动，对链轮齿形加工误差、链条几何形状（如链节距不均匀性）误差要求不严，并且对啮合时嵌入的污物有很大的容纳能力。

3) 链传动不宜用于载荷变化很大和急速反向的传动中。这是由于链传动的紧边工作时形如弦索,它们的自振频率较易与外界干扰力合拍而引起振动。此外,链传动的松边及紧边呈悬垂线状态,在起动、制动及反转时,能引起传动系统的惯性冲击。因此,链传动工作时有噪声,在急速反向传动中更为严重。

2. 学习§9-4时,应重点了解链传动的"多边形效应",也就是说,了解链传动的运动不均匀性及动载荷是怎样产生的。通过学习本节必须认识到,链传动的瞬时传动比在传动过程中是不断变化的。由于刚性链节在链轮上呈多边形分布,在链条每转过一个链节时,链条前进的瞬时速度周期性地由小变到大,再由大变到小。链条沿垂直于运动方向的分速度也在作周期性变化,从而导致运动的不均匀性。可以证明链传动的瞬时传动比为 $i_a = \omega_1/\omega_2 = R_2\cos\gamma/R_1\cos\beta$。在传动中 γ 角与 β 角不是时时相等的,因此其瞬时传动比也不断变化。只有在 $z_1 = z_2$,链传动中心距恰好是节距的整数倍(即 γ 角与 β 角的变化完全相同)时,瞬时传动比方为常数。

链传动运动不均匀及刚性链节啮入链轮齿间时引起的冲击,必然要引起动载荷。当链节不断啮入链轮齿间时,就会形成连续不断的冲击、振动和噪声,这种现象通常称为"多边形效应"。链的节距越大,链轮转速越高,"多边形效应"就越严重。

在设计时,必须对链速加以限制。此外,选取小节距的链条,也有利于降低链传动的运动不均匀性及动载荷。

3. 学习§9-6时,首先要了解确定滚子链传动的承载能力的主要依据是什么。

随着链传动技术的发展,磨损已不再是限定其承载能力的主要失效形式。这是由于链条及链轮材料、热处理工艺的改进,链条零件表面硬度及耐磨性有很大提高的缘故。又因近代润滑技术的发展和对链条工作时铰链润滑状态的试验研究发现,当链条啮入链轮齿间而相对转动 $360°/z$ (z 为链轮齿数)时,铰链内部润滑油可形成承载油楔,这时套筒和销轴间处于流体动力润滑状态。实践证明:一个设计和安装正确、润滑得当、质量合乎标准的滚子链传动,在运转中由于磨损产生的伸长率还没有达到全长的3%时,链条元件已产生疲劳破坏或胶合。所以确定滚子链传动的承载能力,通常以抗疲劳强度为中心的多种失效形式的功率曲线图为依据,见图9-12、图9-13;只有在恶劣的润滑状态下工作的链传动,磨损才依然作为限定其承载能力的依据。

学习本节时,还必须弄清额定功率曲线图(图9-12和图9-13)的意义和实验条件。图9-12为单列滚子链额定功率曲线,曲线 1、2、3 组成的封闭区说明了链传动的各种失效形式都在一定条件下限制其承载能力,曲线 1 是由链板疲劳强度所限定,曲线 2 是由套筒、滚子冲击疲劳强度所限定,曲线 3 是由铰链胶合强度所限定。

实际使用的功率曲线为图9-13,它较图9-12作了些修正,比较安全。修正的主要依据是,链传动各种失效形式的强度试验数据较分散,特别是胶合强度试验数据离散性较大。由于在高速区内,随着转速的增加,极限功率下降迅速,故图9-13中功率曲线的最右端均有一垂直线,用以限定小链轮的最高转速。

图9-13所示的额定功率曲线图,是在特定条件下用国产10种型号的单列A系列滚子链作试验,在避免出现各种失效形式的前提下,按试验数据绘制而成的。它代表不同链节距的单列链条,在不同转速 n_1 和不同润滑条件下所能传递的功率,是滚子链传动设计的依据。

4. 学习§9-6时,还要了解链传动主要参数对传动性能的影响,学会合理地选择参数,并掌握链传动的设计步骤。

链传动的设计计算通常是根据所传递的功率 P、工作条件、链轮转速 n_1、n_2 等,选定链轮齿数 z_1、z_2,确定链的节距、列数、传动中心距、链轮结构、材料、润滑方式等。

1) 合理选定链轮齿数是设计中的一项重要任务。小链轮齿

数 z_1 选得多一些，一般来说对传动是有利的。这是由于 z_1 增加，多边形效应减小，从动轮速度变化率降低。当 $z_1 > 21$ 时，$\dfrac{v_2 - v_1}{v_2} \times 100\%$ 可小于 1%。

小链轮齿数 z_1 选得太多，则大链轮齿数 z_2 将更多，不仅增大了传动尺寸和重量，而且会缩短链条使用寿命。这是由于在链节距伸长量 Δp 相同条件下，齿数愈多，链轮上的节圆直径增量 Δd 愈大，链条移向齿顶，越易从链轮上脱落。因此 z_2 增加则节距的允许相对伸长量 $(\Delta p/p)\%$ 降低，链传动的寿命减小，故常取 $z_{2\,\max} \leqslant 120$。

小链轮齿数 z_1 最好与链条节数互为质数，这样才能轮流更换链轮齿和链节的啮合，从而得到较为均匀的磨损。

2) 链节距 p 已标准化。它不仅反映了链条和链轮各部分尺寸的大小，而且是决定链传动承载能力的重要参数之一。

根据链传动额定功率 P_0 及小链轮转速 n_1 查功率曲线图 9-13（注意 n_1 的限制范围），在图上选择两种相近的节距，经过比较后择优选定其中的一种。为了使结构紧凑，传动平稳，尽可能选用较小节距的单列链；速度小而功率大时，可选用小节距的多列链，如石油钻采机械上广泛选用两列以上的多列链，可以传递 1 000 kW 以上的功率。

三、复习思考题

1. 与带传动相比，链传动有哪些优缺点？
2. 为什么在一般情况下，链传动的瞬时传动比不是恒定的？在什么条件下是恒定的？
3. 影响链传动速度不均匀性的主要参数是什么？
4. 链速 v 一定时，链轮齿数 z 的多少和链节距 p 的大小对链传动的动载荷有何影响？
5. 链传动的主要失效形式有哪几种？设计准则是什么？
6. 链传动的额定功率曲线是在什么条件下得到的，在实际使用中要进行哪些项目的修正？

7. 为什么大链轮的齿数 z_2 不能太多($z_{2\max} \leqslant 120$)？试说明其理由。

8. 为什么链节距 p 是决定链传动承载能力的重要参数？根据什么条件来确定它的大小？

9. 低速链传动($v < 0.6 \text{m/s}$)的主要失效形式及设计准则是什么？

10. 与滚子链相比,齿形链的特点是什么？什么工作条件应该选用齿形链？

11. 链传动发生脱链的主要原因有哪些？

12. 安装布置链传动时应考虑哪些问题？

13. 链传动为什么要适当张紧？常用哪些张紧方法？如何适当控制松边的下垂度？

14. 链传动有哪些润滑方法？各在什么情况下采用？常使用哪些润滑剂和润滑装置？

第十章 齿轮传动

一、本章主要内容、特点及学习要求

1. 本章主要内容为齿轮传动的基本设计原理及强度计算方法。

2. 本章特点是：齿轮传动是机械传动的学习重点,内容较多,涉及的先修知识较广,设计程序较繁,所用的参数、系数及有关资料也较多,需要特别细致的分析研究和区别对待。

3. 本章学习要求是：熟悉齿轮传动的特点及应用,掌握不同条件下齿轮传动的失效形式、设计准则、基本设计原理、设计程序及强度计算方法,掌握不同类型、不同尺寸齿轮的结构设计。

二、本章重点、难点及学习注意事项

1. 本章重点为标准直齿圆柱齿轮传动的设计原理及强度计算方法。

2. 本章难点是如何针对不同条件恰当地确定设计准则和选用相应的设计数据。

3. 学习本章时应当注意：

1）检查与复习有关的先修知识。为了排除学习时的障碍，应当切实检查对下列内容掌握的程度，如有必要时应进行认真的复习。

① "机械原理"方面：啮合原理；渐开线的基本特性；齿轮传动的几何计算；单齿对啮合区及双齿对啮合区，啮合区内轮齿啮合线总长；端面重合度与轴向重合度；斜齿轮的当量直齿轮及当量齿数；锥齿轮的背锥、当量圆柱齿轮及当量齿数；齿轮的变位及变位齿轮的特性等。

② "金属材料及热处理"方面：碳钢、合金钢的特性及应用；常化、调质、淬火、渗碳、氮化等热处理的特性及应用。

③ "机械制图"、"公差及互换性测量"方面：齿轮传动精度及公差的选定与标注。

2）要能根据齿轮传动的工作条件及失效情况，辩证地确定设计准则。具体确定设计准则时，应注意掌握几个基本点：损伤出现于轮齿的什么部位，损伤的基本原因，损伤表明了轮齿的什么能力（或强度）不足，以及保证齿轮传动所需工作寿命应采取的措施等。

3）掌握好有关金属材料及热处理的基本知识是学好§10-3的先决条件。这里必须注意两点：一是选材时要遵循"齿面要硬，齿芯要韧"的基本原则；二是要密切结合生产实际，除了特殊需要外，一般应考虑生产单位所能提供的材料及毛坯，并力求符合技术经济原则。

4）学习§10-4时，主要是注意搞清 K_A、K_β、K_v、K_α 4个系数的基本含义、实质以及它们之间的差别。对减小 K_β、K_v 的措施有个基本认识即可。

要学会查用各个系数的图表。查用图表时应注意有关说明及表注。

查取齿轮的 K_v 值(图 10-8)时,应注意横坐标 v 为齿轮的节线速度。对标准圆柱齿轮,v 就是齿轮分度圆处的圆周速度。

在查取系数 K_β 时,一般应按小齿轮相对支承的位置、齿宽系数 ϕ_d 的大小、齿宽及齿轮的精度等级,先从表 10-4 中查取接触强度计算用的齿向载荷分布系数 $K_{H\beta}$ 的计算公式进行计算,然后再按 $K_{H\beta}$ 的值从图 10-13 中查取弯曲强度计算用的齿向载荷分布系数 $K_{F\beta}$。

5) §10-5 为齿轮强度计算的主要内容,并且是 §10-7、§10-8 的基础,因而必须切实学好。

从设计准则到实用的强度计算公式,有一个如何处理及演化的过程。要综合考虑轮齿的啮合位置(是单齿对啮合还是双齿对啮合)及实际啮合状况(齿轮精度高低、误差大小及轮齿的弹性变形大小),从齿顶进入啮合起,到齿根退出啮合止(或相反),沿整个工作齿廓找几个有代表性的啮合位置,逐一分析,对比轮齿受载情况及产生应力的大小,从而确定按轮齿的哪一个啮合位置计算其强度(齿根及齿面强度)较为合理,并符合实际情况。

对于按照分析所得结论导出设计公式的过程,只要求能够看懂,能说清楚是按什么准则、什么结论建立的,公式中各符号的含义以及如何分别确定它们的代入数值和单位。

6) 必须注意,轮齿的受力分析是个不能忽视的问题,如果把力的大小或方向搞错了,就会带来一系列的错误,甚至造成严重的后果。所以对轮齿受力的分析应当着重学习,并多做几次练习。

直齿圆柱齿轮的受力分析比较简单,但它是斜齿轮和锥齿轮受力分析的基础。学习直齿圆柱齿轮的受力分析时(参看图 10-14)就应明确记住:力的作用点为节点 P,正压力 F_n 在法面 $abcP$ 内沿啮合线指向齿面,主动轮的圆周力 F_{t1} 的方向与齿轮的转向相反,径向力 F_{r1} 的方向沿半径指向轴线,从动轮所受的力与主动轮上的力大小相等,方向相反。各力的数值按式(10-3)计算。

7）凡是影响轮齿形状的因素都要影响到系数 Y_{Fa} 及 Y_{Sa}。影响轮齿形状的因素有基准齿形（它包含 4 个参数：α_n、h_a^*、c^* 及 ρ），内、外齿，齿数及变位系数。因此查用系数 Y_{Fa}、Y_{Sa} 的图表时，一定要注意这几个影响因素是否与设计的情况相符，若有一个不符，都不能查用。表 10-5 所列的系数 Y_{Fa}、Y_{Sa} 为标准外齿轮（变位系数 $x=0$）的数值。其它说明见表注。

8）实际选定齿轮的设计参数（z_1、ϕ_d）时，不必受书上荐用数值的限制，应参考现有机器设备，并逐渐从实践中积累经验。

计算许用应力时所用的 σ_{lim}、K_N 值都是通过实验确定的。其中极限应力 σ_{lim} 是按失效概率为 1% 确定的，也就是说安全系数 S 取为 1 时，从概率的意义上说，会在设计的使用期间失效的齿轮只占 1%。对接触疲劳强度计算，由于点蚀破坏后只引起噪声、振动增大，并不立即导致不能继续工作的后果，故可取 $S = S_H = 1$。但是，如果一旦发生断齿，就会引起严重的事故，因此在进行齿根弯曲疲劳强度计算时取 $S = S_F = 1.25 \sim 1.5$。

图 10-20、10-21 中，相应于材料的每一个硬度值，σ_{FE}（$\sigma_{FE} = \sigma_{Flim} \cdot Y_{ST}$，$Y_{ST}$ 为实验齿轮的应力校正系数）和 σ_{Hlim} 的值分别给出了代表材料品质等级的 3 条线 ME、MQ 和 ML。其中 ME 表示齿轮材料品质和热处理质量达到很高要求时的极限应力取值线；MQ 表示齿轮材料品质和热处理质量达到中等要求时的极限应力取值线；ML 表示齿轮材料品质和热处理质量达到最低要求时的极限应力取值线。在对齿轮材料品质的情况不甚清楚时，宜在 MQ 线上查取 σ_{FE} 和 σ_{Hlim} 的值。另外，有的分图中还有一条 MX 线，它是表示齿轮材料对淬透性及金相组织有特别考虑的调质合金钢的极限应力取值线。

9）齿轮的精度及公差应能正确地选择和应用。

10）从 §10-5（四）"齿轮传动的强度计算说明"中应注意明确两点：一为设计齿轮时应以哪一个许用弯曲应力值｛或 $[\sigma_F] / (Y_{Fa}Y_{Sa})$｝代入设计公式计算才算合理；二为确定齿轮许用接触应

力$[\sigma_H]$的办法。

11) 斜齿轮与直齿轮的强度计算基本原理是一样的,因而学习的重点主要是掌握它的计算特点。

斜齿圆柱齿轮强度计算的特点为:

① 斜齿轮轮齿上所受的力及其强度都按法面分析计算,故应采用法面上的各个参数。按表10-5查取斜齿轮的系数Y_{Fa}、Y_{Sa}时,必须按当量齿数z_v查表。

② 搞清强度计算式中引入重合度ε_α,弯曲强度计算式中引入螺旋角影响系数Y_β的意义。

③ 接触强度计算式中仅系数Z_H的含义与直齿轮的不同。

各公式的推导只要能看懂即可。式(10-18)不必深究。

12) §10-7中另一个重要学习内容是轮齿的受力分析。与直齿轮比较(对比图10-14),因斜齿轮的齿向偏斜了一个β角(图10-24),轮齿的法面$abcP$也跟着转过一个β角,但正压力F_n仍作用在法面内并指向齿面。正压力F_n分解成F_t、F_r、F_a三个相互垂直的分力。力的作用点及主动轮上的作用力F_{t1}、F_{r1}的方向仍按对直齿轮的规定进行确定。主动轮的轴向力F_{a1}的方向,应根据分析理解来判断,亦可按左旋齿用左手(右旋齿用右手)四指弯曲表示主动齿轮的回转方向,则大拇指伸直的方向就是F_{a1}的方向(不适用于从动轮)。从动轮所受各力仍按作用力与反作用力大小相等、方向相反的规律确定。

各力的数值按式(10-14)计算。F_n的计算式除教材给出的推导方法外,还可如下推得:参看图10-24,先在啮合平面$b'beP$内把F_n分解为F_a及在端面$a'b'cP$内的分力$F_n\cos\beta_b$,然后再将$F_n\cos\beta_b$在端面内分解为F_r及$F_t = F_n\cos\beta_b\cos\alpha_t$,从而得到$F_n = F_t/(\cos\beta_b \cdot \cos\alpha_t)$。不论用何种方法分解,所得$F_t$、$F_r$、$F_a$的数值均不变。

13) 对锥齿轮传动设计计算的学习重点亦是掌握其特点。处理直齿锥齿轮传动设计计算最基本的一点,就是把直齿锥齿轮的强度看作是与其平均分度圆处的当量直齿圆柱齿轮的强度相当，因而强度计算式及其推导过程都可沿用直齿圆柱齿轮的，只是采用直齿锥齿轮平均分度圆处的当量圆柱齿轮的参数而已。这一基本特点应切实掌握。

14）直齿锥齿轮的受力分析，应注意掌握它与直齿圆柱齿轮的不同之点（见图 10-34）。锥齿轮的轮齿比起圆柱齿轮的轮齿向一端下倾了一个 δ 角。正压力 F_n 亦分解为 F_t、F_a、F_r 三个方向相互垂直的分力。只是必须注意一点，求从动轮的各分力时，由于主、从动轮的轴线相互垂直，因而主动轮的径向力 F_{r1} 就与从动轮的轴线平行，得 F_{r1} 与 F_{a2} 大小相等，方向相反；而轴向力 F_{a1} 则垂直从动轮的轴线，得 F_{a1} 与 F_{r2} 大小相等，方向相反。主动轮的 F_{t1}、F_{r1} 的方向仍沿用直齿圆柱齿轮受力分析的规定来确定，F_a 的方向不论是主动轮还是从动轮都是由锥顶指向大端（使主、从动轮相互分离。若是分析的结果，轴向力是使主、从动轮相互挤紧，那就错了）。

15）对变位齿轮传动的设计仅要求有个原则性的认识，能搞清下列三个基本点即可。

① 变位齿轮的弯曲强度或接触强度计算公式皆沿用标准齿轮的计算公式，但应注意，变位后的齿形及轮齿的啮合情况都有改变，系数 Y_{Fa}、Y_{Sa}、Z_H 之值要按所定变位系数之值查相应的图表（参见[37]①）。

② 如何通过变位来提高齿轮传动的弯曲强度及接触强度。

③ 按节圆及其参数（α'、β'）作受力分析。

16）教材中对齿轮的结构设计只作了原则性的说明，实际设计时还应从生产条件出发，作全面的工艺性考虑。为了装配圆柱齿轮时不致因轴向错位而导致啮合齿宽减小，往往把小齿轮的齿宽在计算齿宽的基础上再加宽一些。各式齿轮的结构及尺寸可参

---

① 教材末了所列参考文献的序号。

考生产图纸或有关手册。

17）齿轮传动的润滑是个重要问题，而且是一门专门性的学问。§10－11只作了简要介绍，若需深入了解时，应学习有关专门性著作。

18）作习题时应当注意，本章编入的习题较多，但并不要求都做，除第1题必须做之外，其它题可根据读者的工作性质或学习的专业，从中挑选较为合适的进行练习即可，也可自行拟订题目。做题前应仔细学习例题，注意搞清解题步骤和切实学会查用有关图表数据。作题时应针对题目性质选取合适的配对齿轮的材料、热处理（包括硬度）、精度、z_1及ϕ_d等，尽可能反映设计的合理性。计算完毕后最好绘制一张齿轮工作图，例如图10－32。

三、本章总结参考提纲

对于"齿轮传动"这样内容较多的章，应在学完后进行全面的总结，以便获得全貌，抓住重点。现列出以下提纲，供练习总结时参考。

1. 轮齿失效

1）齿根折断。

2）齿面失效：

　　磨损——开式传动；

　　点蚀——闭式传动，以软齿面齿轮为主；

　　胶合——高速重载或低速重载的闭式齿轮传动；

　　塑性变形。

根据齿轮传动所处的工作条件（外因）总结出各种失效的实质内容及改善措施。

2. 设计准则

从分析齿轮传动的工作情况、受力及应力状况、失效形式等出发，按照齿轮传动在预定的工作寿命期间具有足够抵抗失效的能力这个原则来确定设计准则。

1) 闭式传动：一般情况应满足 $\sigma_F \leq [\sigma_F]$ 及 $\sigma_H \leq [\sigma_H]$。对于软齿面轮齿，以接触强度准则为主；对于硬而脆的轮齿，以弯曲强度准则为主。设计具体的齿轮时则两个准则都应满足。

高速重载或低速重载的闭式齿轮传动，除应满足上述二准则外，还要满足抗胶合能力的准则。

大功率（$P > 75$ kW）的闭式齿轮传动，除满足上述二基本准则外，还应满足散热能力足够的准则。

2) 开式传动：应满足 $\sigma_F \leq [\sigma_F]$。

3. 材料选择

选择齿轮材料的基本原则：齿面要硬，齿芯要韧。

锻钢齿轮分软齿面（≤350 HBS）和硬齿面（>350 HBS）两种。

大、小齿轮齿面硬度之差为：

软齿面齿轮 $HBS_1 - HBS_2 \approx 30 \sim 50$；

硬齿面齿轮 $HRC_1 \approx HRC_2$。

从齿轮的工作能力、加工方法、工艺质量、制造成本、应用场合等方面总结软、硬齿面齿轮的不同之处。

轮芯材料：

中、小型齿轮，轮芯与齿圈用同样材料；

大型齿轮，轮芯应用价格便宜的常用铸造材料，如铸钢或铸铁（齿圈则采用较好的材料，如优质碳钢或合金钢）。

4. 力分析及计算载荷

主、从动直齿圆柱齿轮所受的力主要为正压力（即略去摩擦力），并把它分解成圆周力和径向力；斜齿圆柱齿轮及锥齿轮还受有轴向力。应总结出各力的方向、作用点及主、从动轮上有关各力的关系。

计算载荷：

$$F_{ca} = K_A K_v K_\beta K_\alpha F_n。$$

总结 K_A、K_v、K_β、K_α 系数的含义及减小 K_v、K_β 的办法。

5. 标准齿轮传动的强度计算

1）总结齿根弯曲应力最大时的轮齿啮合位置及齿面接触应力最大时的啮合位置，作一般计算时的处理办法。

2）总结斜齿圆柱齿轮传动与直齿圆柱齿轮传动强度计算的异同。

3）比较直齿锥齿轮传动与直齿圆柱齿轮传动强度计算的异同。

4）强度计算公式中各参数的选取原则，各图表的具体使用方法。

6. 变位齿轮传动的强度计算

总结变位齿轮传动与标准齿轮传动强度计算的异同。

1）设计变位齿轮传动首先要确保轮齿不根切、不干涉、齿顶厚及重合度都满足设计要求。

2）不同的变位对轮齿的啮合性能、齿形及强度都有不同的影响，总结出能够提高齿根弯曲强度及提高齿面接触强度的变位办法。

四、复习思考题

1. 常见的齿轮失效有哪些形式？失效的原因是什么？可采取哪些措施来减缓失效的发生？

2. 有哪些因素影响齿轮实际承受载荷的大小？它们是怎样影响的？又如何减少它们的影响？

3. 齿轮强度设计准则是根据什么确定的？有哪些准则？为什么？

4. 如何具体分析确定计算齿根弯曲疲劳强度及齿面接触疲劳强度时的啮合位置，一般计算时又是如何处置的？

5. 为什么把 Y_{Fa} 叫做齿形系数？有哪些参数影响它的数值？为什么？

6. 如何确定斜齿圆柱齿轮及直齿锥齿轮传动中，主、从动齿轮所受的力(F_n、F_t、F_r 及 F_a)的方向、大小及作用位置?

7. 与直齿轮传动强度计算相比,斜齿轮传动的强度计算有何不同之处?

8. 如何确定斜齿轮传动的许用接触应力?其道理何在?

9. 按什么原则进行直齿锥齿轮传动的强度计算?直齿锥齿轮与直齿圆柱齿轮的强度计算有何异同?

10. 变位齿轮传动的强度计算有什么特点?齿轮传动进行什么样的变位能提高齿根的弯曲强度或提高齿面的接触强度?

11. 根据齿轮的工作特点,对轮齿材料的力学性能有何基本要求?什么材料最适合做齿轮?为什么?

12. 齿轮传动有哪些润滑方式?它们的使用范围如何?

13. 齿轮传动的设计程序怎样?如何用框图表示?

14. 在作齿轮结构设计时,什么情况下应把小齿轮与轴做成齿轮轴?为什么圆柱齿轮传动中要把小齿轮的齿宽人为地加大一些?

第十一章 蜗杆传动

一、本章主要内容、特点及学习要求

1. 主要内容

蜗杆传动是用来传递空间互相垂直的两相错轴之间的运动和动力的,是一种大传动比的传动机构。本章主要介绍普通圆柱蜗杆传动及圆弧圆柱蜗杆传动的主要参数、几何尺寸计算、承载能力计算及热平衡计算。附带介绍几种新型的滑动及滚动蜗杆传动的特点及应用。

2. 特点

1) 蜗杆传动在啮合传动中有相当大的滑动,因而它的失效形式主要是胶合、磨损及点蚀。

2) 普通圆柱蜗杆共分为阿基米德蜗杆(ZA 型)、渐开线蜗杆

(ZI型)、法向直廓蜗杆(ZN型)和锥面包络蜗杆(ZK型)四种,国家标准推荐采用ZI型和ZK型这两种蜗杆。普通圆柱蜗杆传动在中间平面内相当于齿条与齿轮的传动,其承载能力可仿照圆柱齿轮承载能力的计算方法进行计算。

3) 圆弧圆柱蜗杆传动和普通圆柱蜗杆传动相似,只是齿廓形状有所区别。在中间平面上,蜗杆的齿廓为凹弧形,而与之相配的蜗轮的齿廓则为凸弧形,见图11-8所示。

4) 对一般闭式的动力蜗杆传动,必须进行热平衡计算。

3. 学习要求

1) 掌握蜗杆传动的几何参数的计算及选择方法。
2) 学会进行蜗杆传动的力分析及其强度计算。
3) 了解蜗杆传动的热平衡原理和计算方法。
4) 了解蜗杆传动的类型、变位及蜗杆的刚度计算等。

二、本章重点及学习注意事项

1. 蜗杆的分度圆直径 d_1 及蜗杆传动的传动比 i_{12}

设计蜗杆传动时,除了模数 m 取标准值外,蜗杆的分度圆直径 d_1 亦需取标准值。这样做的主要目的是为了限制切制蜗轮时所需的滚刀数目,以提高生产的经济性,并保证配对的蜗杆与蜗轮能正确地啮合。要引起注意的是蜗杆的分度圆直径不等于 mz_1,而是 $d_1 = mq$,式中 q 为蜗杆的直径系数。因此其传动比的计算也就不能用 $i_{12} = \dfrac{d_2}{d_1}$ 的公式,而只能用 $i_{12} = \dfrac{n_1}{n_2} = \dfrac{z_2}{z_1}$(蜗杆为主动件)。

2. 蜗轮齿数 z_2 的选择

选择蜗轮齿数 z_2 时,应注意避免在用蜗轮滚刀切制蜗轮时产生根切,并满足传动比的要求。具体选择时,除了用于分度机构外,一般可采用表11-1中的荐用值。

3. 圆弧圆柱蜗杆传动的齿形角及齿廓圆弧半径 ρ

在标准中推荐齿形角 $\alpha = 20° \sim 24°$,但考虑到蜗杆、蜗轮的加工、啮合时接触线的形状,以及承载能力等,常取 $\alpha = 23°$。

ρ 这个参数对承载能力的影响很大,较小的 ρ 值对承载能力是有利的,但太小了,将会产生干涉现象。因此,实际应用中,推荐 $\rho = (5 \sim 5.5)m$。

4. 蜗杆传动的受力分析

蜗杆传动的受力分析参看图 11-13。分析的目的在于找出蜗杆、蜗轮上作用力的大小和方向。它们是进行强度计算和轴的计算时所必需的。分析的方法类似于齿轮传动的分析方法,但各力的对应关系不同于齿轮传动的情况,这一点要特别注意。

5. 蜗杆传动的强度计算

1) 蜗杆传动的强度计算是本章的重点。应该明确,由于蜗杆传动的相对滑动速度大,效率低,发热量大,故蜗轮齿面的主要失效形式是胶合,其次才是点蚀和磨损。但目前对胶合和磨损的计算还缺乏妥善的方法,因而通常只仿照圆柱齿轮进行齿面及齿根强度的条件性计算,并在选取许用应力时,根据蜗轮的特性来考虑胶合和磨损失效因素的影响。

2) 在普通蜗杆传动的强度计算中,蜗轮看成一个斜齿圆柱齿轮,因此,其强度计算是仿照斜齿圆柱齿轮的计算方法进行的。

3) 圆弧圆柱蜗杆传动的受力情况与普通圆柱蜗杆传动相似,由于传动时是凹、凸弧齿廓相啮合,且齿形角 $\alpha = 23°$,故轮齿强度高于普通圆柱蜗杆。在进行圆弧圆柱蜗杆传动的设计计算时,可先按传动的输入功率 P_1、转速 n_1 和传动比 i 按图 11-16 初步确定传动的中心距 a,并按表 11-10 确定传动的几何参数,然后校核其蜗轮的齿面接触疲劳强度和齿根弯曲疲劳强度。

4) 这里要注意,由于蜗杆螺旋部分从材质和齿形上来看,其强度总是高于蜗轮轮齿的强度,故失效常发生在蜗轮轮齿上,这是蜗杆传动中的薄弱环节。因而在进行齿面接触强度和齿根弯曲强度计算时,是以蜗轮为主的。而进行刚度计算时,由于蜗杆轴较细,且支承间距较长,故应以蜗杆轴为主。

6. 蜗杆传动的热平衡

在闭式齿轮传动中,并不是都要进行热平衡计算。而在普通圆柱蜗杆传动中,因有很大的相对滑动速度,摩擦损耗大(特别是轮齿的啮合摩擦损耗),所以传动的效率低,工作时发热量大。由于蜗杆传动结构紧凑,箱体的散热面小,散热能力差,所以在闭式传动中,所产生的热量不能及时散去,油温就急剧升高,这样就容易使齿面产生胶合。这就是要进行热平衡计算的原因。

热平衡计算的基本原理是单位时间内产生的热量等于或小于同时间内散发出去的热量,即 $\Phi_1 \leq \Phi_2$。

在实际工作中,主要是利用热平衡条件,找出工作条件下应该控制的油温 t_0。只要油的工作温度能满足要求,蜗杆传动就能正常地进行工作。

7. 在使用表 11-8 时,注意表中青铜和铸铁的基本许用弯曲应力为应力循环次数 $N = 10^6$ 时的值,当 $N \neq 10^6$ 时,需将表中数值乘以寿命系数 K_{FN};当 $N > 25 \times 10^7$ 时,取 $N = 25 \times 10^7$;当 $N < 10^5$ 时,取 $N = 10^5$。使用表 11-7 时,注意表中锡青铜的基本许用接触应力为应力循环次数 $N = 10^7$ 时的值,当 $N \neq 10^7$ 时,需将表中数值乘以寿命系数 K_{HN};当 $N > 25 \times 10^7$ 时,取 $N = 25 \times 10^7$;当 $N < 2.6 \times 10^5$ 时,取 $N = 2.6 \times 10^5$。

8. 表 11-2 推荐的普通圆柱蜗杆基本尺寸和参数及其与蜗轮参数的匹配主要用于标准系列的蜗杆减速器,如需设计非标准的蜗杆传动,除应按算得的中心距 a 的值选择蜗杆传动的模数及相应的蜗杆分度圆直径 d_1 外,蜗轮的齿数及实际中心距可不受表值的限制。

9. 在设计普通圆柱蜗杆传动时,如传递的功率较大、滑动速度又不太大时,可考虑用铝铁青铜 ZCuAl10Fe3 做蜗轮材料。在选取铝铁青铜的许用接触应力时,要先假设一个滑动速度 v_s,从表 11-6 中查取蜗轮的许用接触应力 $[\sigma_H]$。在计算出蜗杆传动的中心距 a,并选择了相应的蜗杆传动参数后,应按公式(11-22)计

算滑动速度 v_s。如算得的 v_s 小于或接近于原先的假设值时,所设计的蜗杆传动是可用的,否则就要重选 $[\sigma_H]$ 并进行再一次的设计计算。

三、复习思考题

1. 蜗杆传动的特性及使用条件是什么？

2. 蜗杆传动的传动比如何计算？它是否等于蜗杆和蜗轮的节圆直径之比？为什么？

3. 与齿轮传动相比较,蜗杆传动的失效形式有何特点？为什么？

4. 何谓蜗杆传动的中间平面？试阐述普通圆柱蜗杆传动中间平面上的齿廓形状和啮合关系以及圆弧圆柱蜗杆传动中间平面上的齿廓形状和啮合关系。中间平面上的参数在蜗杆传动计算中有何重要意义？

5. 如何进行蜗杆传动的受力分析？力的方向如何确定？计算出这些力有什么用途？

6. 试根据图 11.1 所示的斜齿圆柱齿轮－蜗杆传动中各轴的回转方向,标明蜗杆的旋向及蜗杆、蜗轮在啮合点 P 上的作用力的方向。

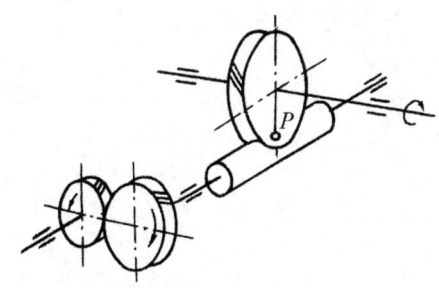

图 11.1　斜齿圆柱齿轮－蜗杆传动

7. 在什么情况下需要进行蜗杆传动的变位？其变位特点是什么？

8. 在进行蜗杆传动的承载能力计算时，为什么只考虑蜗轮？蜗杆的强度如何考虑？在什么情况下，需要进行蜗杆刚度的计算？

9. 蜗杆传动的设计计算中有哪些主要参数？如何选择？

10. 试述蜗杆直径系数的意义，并说明在蜗杆传动中为什么要引入蜗杆直径系数？它在什么情况下应取为标准值？

11. 何谓蜗杆传动的滑动速度，它对蜗杆传动有什么影响？

12. 与齿轮传动相比，为什么说蜗杆传动平稳，噪声低？

13. 为什么对蜗杆传动要进行热平衡计算？计算原理是什么？当热平衡不满足要求时，可采取什么措施？

14. 蜗杆的头数 z_1 及导程角 γ 对啮合效率有何影响？啮合效率最高时 γ 为何值？具有自锁特性的蜗杆传动，其啮合效率为什么一般只有40%左右？

15. 影响蜗杆传动效率的主要因素有哪些？公式 $\eta = \tan\gamma / \tan(\gamma + \varphi_v)$ 是如何推导出来的？在一般蜗杆传动中，蜗轮能不能作为主动件？

16. 什么叫滚动蜗杆传动？试设想出一种新型滚动蜗杆传动的结构形式。

第四篇 轴系零、部件

第十二章 滑动轴承

一、本章主要内容、特点及学习要求

1. 主要内容

本章对滑动轴承的特点、典型结构、轴瓦的材料和选用原则作了一般介绍,着重讨论了不完全液体润滑和液体动力润滑径向滑动轴承的设计准则和设计方法,较详细地分析了流体动力润滑的基本方程及其在液体动力润滑径向轴承设计计算中的应用。最后还对液体静压轴承、无润滑轴承、多油楔轴承等作了简要介绍。

2. 特点

本章特点在于液体润滑径向滑动轴承的设计准则和设计方法与其它各章有本质的区别,验算的项目也相随有所差异,学习时应给予特别的注意。

3. 学习要求

1）了解滑动轴承的特点和应用场合。

2）对滑动轴承的典型结构、轴瓦材料及其选用原则有一较全面的认识。

3）掌握不完全液体润滑滑动轴承和液体动力润滑径向滑动轴承的设计原理及设计方法。

二、本章重点、难点及学习注意事项

1. 本章重点

1）轴瓦材料及其选用。

2）不完全液体润滑滑动轴承的设计准则及设计方法。

3）液体动力润滑径向滑动轴承的设计。

2. 本章难点为液体动力径向滑动轴承的设计。

3. 本章内容分析及学习注意事项

1）首先应结合§12-1重点了解轴承的分类、滑动轴承的特点及应用场合。

2）滑动轴承的典型结构，包括轴瓦结构，可结合实物或模型，重点了解各类径向滑动轴承及轴瓦结构。

3）关于轴瓦，首先应搞清楚为什么要用轴瓦。由于轴瓦的材料和结构对滑动轴承的设计十分重要，因而对轴瓦材料的要求，常用材料的类别应给予一定的重视，掌握这些常用轴瓦材料的性能、特点及其选用原则。

轴瓦上开油孔或油槽的原则及具体开油槽的方法必须搞清楚，这是轴瓦结构设计的一个重要问题。

4）在不完全液体润滑滑动轴承设计计算的一节中，对于不完全液体润滑轴承的失效形式和设计准则（注意与第四章相联系），重点应明确 $p \leqslant [p]$，$pv \leqslant [pv]$，$v \leqslant [v]$ 的物理实质在于保证摩擦表面间的吸附油膜不致破裂。因为 p 间接地表示了轴瓦中的压应力，所以从强度和疲劳观点出发需要限制 p；另外；从宏观角度看，为了控制两摩擦表面的局部接触压力，以减小磨损，也需要限制 p 的值；而 pv，从理论上讲表示了轴承单位承压面积上单位时间内产生的摩擦热量。因而能否保证形成吸附油膜，是不完全液体润滑滑动轴承承载能力的一个重要指标。验算 v 的原因，教材中已作了说明，这里就不赘述了。

不完全液体润滑径向滑动轴承和止推滑动轴承的设计计算虽方法类同，但应注意它们在计算 p，v 及确定 $[p]$，$[pv]$ 时的区别。

5）关于§12-7内容的说明。

本节主要要求掌握以下几个基本内容：

① 流体动力润滑基本方程及其在设计计算中的应用 在推导一维流动的动压轴承的基本方程时要注意基本假设，即推导公式时的前提。具体的推导过程并不主要，重要的是根据式(12-8)

以得出形成动压油膜的基本条件。由此,使第四章中有关液体动力润滑的物理解释得到严密的理论证明。

② 液体润滑径向滑动轴承形成液体动力润滑的过程 学习这一段内容的中心目的,是为了使学生理解滑动轴承动压油膜形成过程中各阶段里的物理现象,以加深认识。

③ 径向滑动轴承的几何关系和承载量系数

a) 径向滑动轴承几何计算的核心在于求出油膜厚度的表达式,其中特别是 $h_{\min}$ 的表达式。在式(12-12)中引入了两个无量纲量,即相对间隙 ψ 和偏心率 χ。χ 的大小在径向轴承理论中有重要意义,它实际上反映了轴承的承载能力。

b) 滑动轴承的承载量系数

在§12-7中讨论的基本方程[式(12-8)]是假定 z 轴方向无限长,实际上使用的均为有限宽轴承,因而在计算滑动轴承的承载能力时,必须考虑侧漏的影响。由式(12-22)可见,滑动轴承的承载能力取决于轴承的包角(指进油口与出油口之间的夹角),偏心率和宽径比。

这里需要说明的是,为什么滑动轴承计算中大量采用了量纲一的量。因为由相似分析可知,有量纲的问题,在用相对单位度量时,就可转化为相同的量纲一的问题。为了数据的推广和应用,在分析轴承的性能和数据时,常整理成量纲一的量之间的函数依赖关系,这样就可把针对某特定结构和参数的轴承计算所得的性能数据,推广到与此轴承结构和参数相似的一系列轴承上去。因而对轴承的承载能力引入了量纲一的系数 C_p[见式(12-22)],称之为承载量系数。对于理解承载量系数,应注意如下几点:

(a) $C_p = f(\alpha, \chi, B/d)$;

(b) 承载量系数 $C_p = \dfrac{F\psi^2}{2\eta vB}$,其中 F 为承载力(即外载荷)。因而只有在工作情况和参数(如 η, v, B, ψ)不变的情况下,C_p 与 F 的大小变化才相一致。当工作情况、参数不同时,则两者不一定相

一致,即承载量系数大,不一定承载力也大;

(c) 在同样运转情况下(如 F,v 不变),比较具有不同结构参数的轴承的承载能力的大小时,不难看出,具有较大 h_{min} 的轴承或者具有较小偏心距 e 的轴承,承载能力较大;

(d) 只有其它情况均不变时, h_{min} 越小(即 χ 越大),则承载力就越大。然而由于两相对运动表面的加工不平度,轴的刚性及轴承与轴颈的几何形状误差的限制, h_{min} 不能无限缩小、因而提出了许用油膜厚度 $[h]$ 的问题。为了工作可靠,必须满足式(12-25)。

④ 学习轴承的热平衡计算这部分内容要注意以下几个问题:

a) 首先要搞清为什么要进行热平衡计算;其次,再搞清楚为什么热平衡计算最后归结为控制其油的入口温度,即应满足 35℃ $\leqslant t_i \leqslant$ 40℃。

b) 在式(12-28)中,轴承的润滑油流量系数也是一个量纲一的量。由于计算单位时间内的润滑油流量很复杂,精确计算润滑油流量应包含三个部分,即承载区的油泄流量,非承载区的油泄流量以及油沟处的油泄流量。故在轴承设计中往往采用大量分析计算作出了不同 B/d 时的 $\chi - \dfrac{q}{\psi v B d}$ 曲线,学习时应注意润滑油流量系数与 B/d、χ 的关系,并对曲线的变化形态作出物理解释。

c) 在式(12-28)中,有关轴承中的摩擦系数计算公式的推导,请参阅配套教材第五版,304 页(高等教育出版社,1989)。

⑤ 学习参数选择这一部分内容时,主要应理解宽径比 B/d、相对间隙 ψ 和粘度 η 对轴承工作性能的影响,并掌握其选择原则。

6) §12-8 简介了无润滑轴承、多油楔轴承及液体静压滑动轴承等。学习时应注意如下几点:

① 无润滑轴承大多采用各种工程塑料制造,应了解这些材料的性能及特点。主要设计参数的选择原则和承载能力的简化估算方法。

② 多油楔轴承的类型、结构特点及工作原理。

③ 液体静压轴承的承载原理及特点(包括定量供油和定压供油)。要了解多油腔静压轴承的工作原理。

对于节流器,重点在于搞清节流器的作用。教材中虽然仅介绍了毛细管节流器的结构简图,但其它型式的节流器,如小孔节流器、滑阀节流器、薄膜反馈节流器等,不难从有关阐述静压技术的书籍中查到。

三、液体动力润滑径向滑动轴承设计的流程图

为便于了解液体动力润滑径向滑动轴承的设计步骤,现提出如下的设计流程图(图 12.1)。该流程图既可适用于手算,对于掌握了算法语言并有一定计算方法基础的学生,也可作为编制电算程序的参考,不过此时 C_p 和 $\dfrac{q}{\psi vBd}$ 的值应采用相应的数值计算方法求得。

该流程图若结合教材中的例题对照阅读,则更有助于读者对设计计算过程的理解。

流程图中的虚线表示选定配合以后,得出两个直径间隙 Δ_{max} 和 Δ_{min},然后分别按两种情况验算轴承的热平衡条件,合格后便可进行结构设计。对于要求不很高的滑动轴承,则可不必对 Δ_{max} 和 Δ_{min} 进行验算。

四、复习思考题

1. 什么场合下应采用滑动轴承?
2. 试述对开式滑动轴承和整体式滑动轴承的结构特点和应用场合。
3. 对轴承材料提出的主要要求是什么?
4. 常用的轴瓦有哪几类?其主要特点是什么?
5. 试述在轴瓦或轴颈上开油孔或油槽的基本原则。
6. 试述不完全液体润滑滑动轴承的失效形式及其设计准则。

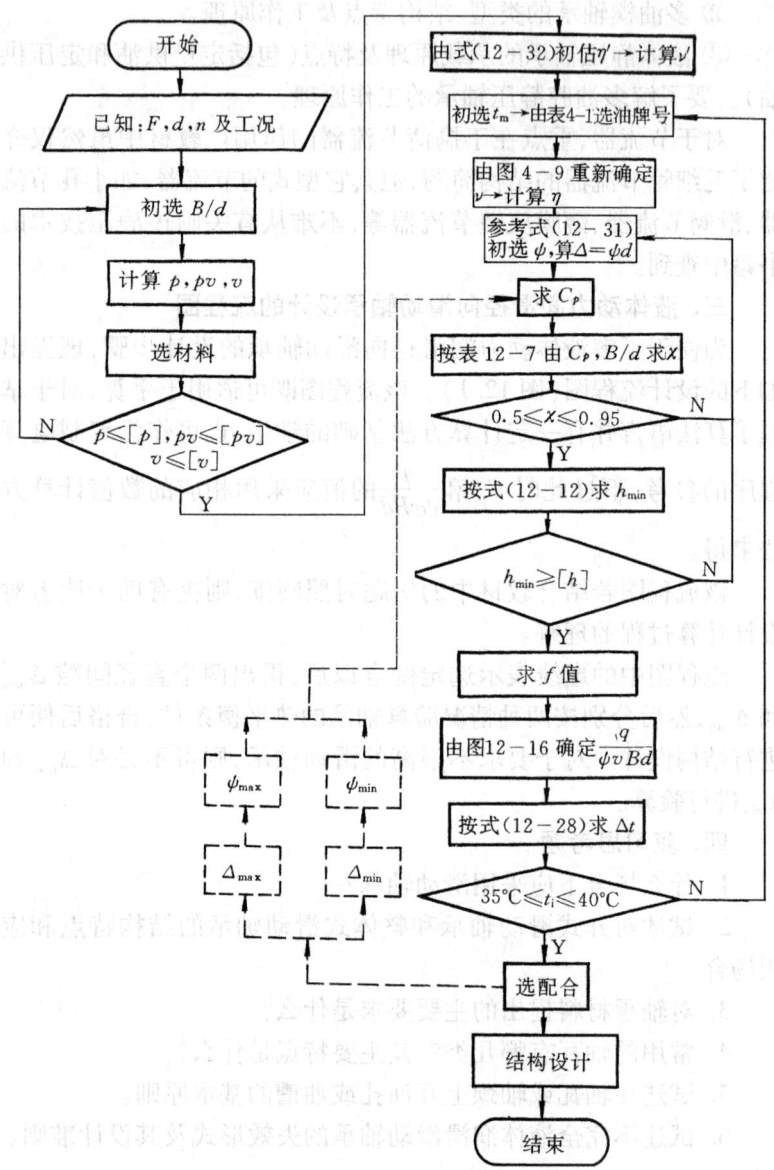

图12.1 液体动力润滑径向滑动轴承设计流程图

7. 如何设计不完全液体润滑滑动轴承？

8. 简述径向滑动轴承形成流体动力润滑的过程。

9. 试述宽径比 B/d 的选择原则及其对轴承承载能力的影响。

10. 何谓直径间隙 Δ、相对间隙 ψ、偏心率 χ？写出它们与最小油膜厚度 $h_{\min}$ 之间的关系式。

11. 许用油膜厚度 $[h]$ 取决于哪些因素？为什么要提出 $[h]$ 的概念？

12. 试推导在任意极角 φ 的截面处的油膜厚度计算公式。

13. 何谓承载量系数？承载量系数的值大是否说明轴承所能承受的载荷亦大？为什么？

14. 如何对图 12-16 中的 $\chi - \dfrac{q}{\psi v B d}$ 曲线的形态作出物理解释？

15. 作轴承热平衡计算时为什么要限制油的入口温度 t_i？若 t_i 不满足要求时，则在设计时应采取什么措施？

16. 试述滑动轴承润滑剂的选择原则。

17. 与动压轴承相比较，静压轴承有哪些特点？适用于什么场合？

18. 简述多油腔静压滑动轴承的工作原理。

19. 无润滑轴承常用什么材料制造？并说明其主要设计参数（如轴承间隙、轴瓦壁厚）的选择原则。

20. 试述多油楔轴承的工作原理及主要特点。

21. 流体静压润滑用定压供油时，为什么要加装节流器？

第十三章 滚 动 轴 承

一、本章主要内容、特点及学习要求

1. 本章主要内容为滚动轴承的选择和轴承装置的设计。

2. 本章特点是：滚动轴承是一个多种元件的组合体（部件），

是由专门工厂大量生产的标准件,而且是用试验与统计的方法按90%的可靠度来规定它的基本额定动载荷的,因而在计算理论和方法上都与其它各章有着较大的区别。

3. 本章学习要求可以概括为两点:一是要能正确地选择轴承的代号(包括类型、结构、尺寸、公差等级、技术性能等特征);二是要能根据选定的轴承(代号)合理地设计出轴承装置,以保证正确地使用轴承。

二、本章重点、难点及学习注意事项

1. 本章重点是轴承尺寸的选择,也就是如何最后确定所需轴承的代号。

2. 本章难点是向心推力轴承(指角接触球轴承与圆锥滚子轴承,下同)的受力分析。这是由于向心推力轴承的受力分析较为复杂,本书后面将对这个问题作一些补充分析和说明。

3. 学习注意事项

1)为了能够正确地选择轴承的类型,必须注意了解滚动轴承的主要类型、性能、特点及代号等;为了能够正确地使用轴承,必须注意分析对比各种轴承装置的结构特点和适用场合(包括考虑轴承的类型、工况、装拆、固定、调整、预紧、润滑、密封等)。

2)为了正确选择轴承的尺寸,必须注意对滚动轴承寿命值的概率意义有深刻的理解,搞清寿命计算的理论和方法的特点。

3)正确的受力分析是轴承寿命计算的基础。在选择轴承尺寸时,首先要根据外载荷弄清楚每一个轴承所受到的径向载荷和轴向载荷值。这里,向心推力轴承所受的径向载荷与轴向载荷的计算,又是这一部分的难点,应该予以特别注意。

4)进行滚动轴承寿命计算时所用的载荷是当量动载荷。当量动载荷可由表13-5确定载荷系数 X 和 Y 之后,根据轴承的轴向载荷和径向载荷利用公式(13-8)求得。因此,应充分掌握表13-5的使用方法。

5)对于那些在工作载荷下基本上不旋转的轴承,或者慢慢地摆动以及转速极低的轴承,均应按照轴承的基本额定静载荷 C_0 来选择轴承的尺寸。

6) 正确地进行轴承装置设计对于保证轴承的正常工作是非常重要的。为了满足同样的要求,可能有不同的设计方案。学习这一部分内容时要注意分析比较,多看一些图册作为参考。

三、本章内容的分析与补充

1. 滚动轴承类型的选择(§13-3)

本节叙述进行滚动轴承类型选择时要考虑的主要因素,包括轴承所受的载荷、轴承的转速、调心性能的要求、轴向游动的要求以及安装和拆卸的要求等。在这些因素中,轴承所受的载荷(包括大小和方向)和转速的大小一般是最主要的。调心性能和轴向游动的要求,只是在某些特殊情况(例如多支点长轴或工作时有较大的温度差时)才需要考虑。但是在任何情况下,轴承均应保证轴相对于轴承座体有确定的轴向位置。因此,一般不能在同一根轴的两边都采用没有轴向限位作用的圆柱滚子轴承。另外,对某些在特殊条件下使用的轴承,还可能提出特殊的要求,例如当径向尺寸受限制时,可能要使用滚针轴承或不包括内圈的圆柱滚子轴承;当轴向尺寸受限制时,可能要使用内圈分为两半的角接触球轴承等等。

2. 滚动轴承的工作情况(§13-4)

这一节首先分析了轴承工作时轴承元件上的载荷分布及应力变化的情况。通过分析可知,固定套圈上承受最大载荷部位附近的区域承受较严重的变应力,容易产生疲劳破坏。这一现象当内圈固定,外圈转动时更为严重。

本节还讨论了向心推力轴承承受轴向载荷的大小对轴承中各滚动体上载荷分布情况的影响。现对这部分内容强调以下几点:

1) 接触角 α 和载荷角 β 是不同的概念。接触角 α 是由向心推力轴承本身的结构所确定的一个角度。它是每一个滚动体与外圈滚道接触处的法线方向与轴颈的半径方向之间的夹角;而载荷角 β 则是分配到该轴承上的径向载荷与轴向载荷的合力与径向载荷之间的夹角,因而是由外载荷所确定的。

2)当一个向心推力轴承受到径向载荷 F_r 与轴向载荷 F_a 的共同作用时,将有若干个滚动体同时受载。由于有接触角 α,每一个滚动体对所受载荷的反力都可以分解为两个分力。一个为径向分力,另一个为轴向分力。而对于一个处于平衡状态的轴承,它的所有受载滚动体的径向分力之和(合力)一定与该轴承所受的径向载荷 F_r 平衡。所有受载滚动体的轴向分力之和(合力)一定与该轴承所受的轴向载荷 F_a 平衡。

3)分析表明,随着作用到轴承上的轴向载荷的增大,受载滚动体的数目将增多。应该看到,受载滚动体的数目过少,例如少于一半,是不正常的,可以说并没有发挥轴承的潜力。因此,在一定范围内增加作用在轴承上的轴向载荷,对轴承的工作寿命并没有不利的影响。这也从某种程度上解释了为什么在表 13-5 中的系数 Y 的值,在一定条件下等于零。

3. 滚动轴承尺寸的选择(§13-5)

滚动轴承尺寸的选择通常依据安装轴承处轴的结构尺寸、轴承承受载荷的大小、轴承的寿命和可靠性的要求进行的。一般情况下,首先初选轴承的尺寸,然后进行轴承寿命的验算。因此,关于滚动轴承寿命的计算方法是本节的主要内容,这也是本章的重点内容之一。

1)基本额定寿命

轴承的寿命是指轴承的套圈或滚动体的疲劳寿命。一批相同轴承的疲劳寿命总是离散的,并服从一定的统计规律。因此,轴承的寿命必然与疲劳失效的概率或可靠度有关。可靠度为 90% 时的轴承寿命称为基本额定寿命,用 L_{10} 表示。图 13-11 中表示一组在相同条件下运转的轴承的寿命分布(作用在轴承上的载荷恰好等于基本额定动载荷时)。从分布曲线可以看出,轴承最长的实际寿命可超过最短寿命的 20 倍,有 50% 的轴承实际寿命可达基本额定寿命的 5 倍以上。

2) 基本额定动载荷

轴承的基本额定动载荷是反映滚动轴承承载能力的一项重要性能参数,其含义为:在该载荷作用下,轴承的基本额定寿命恰好为 10^6 转。对于一个具体的滚动轴承,基本额定动载荷是其固有的一个确定值,该值是由实验并经过理论分析得到的。各类滚动轴承的基本额定动载荷的值可由滚动轴承产品样本或滚动轴承手册中查得。

国家标准 GB/T 6391—1995 对向心轴承的基本额定动载荷用径向基本额定动载荷 C_r 表示;对推力轴承用轴向基本额定动载荷 C_a 表示。为了简化叙述,教材中统一用 C 表示 C_r 和 C_a。上述国标中所谓的向心轴承是指主要用于承受径向载荷的、公称接触角为 $0°\leqslant\alpha\leqslant45°$ 的滚动轴承;而推力轴承是指主要用于承受轴向载荷的、公称接触角为 $45°<\alpha\leqslant90°$ 的滚动轴承。

3) 滚动轴承寿命计算公式

教材中给出了两个轴承寿命计算公式,公式(13-4)和公式(13-18)。前者用于计算轴承的基本额定寿命 L_{10};而后者用于计算轴承的修正额定寿命 L_n。基本额定寿命的计算是最基本的内容,公式(13-4)应熟练掌握。用公式(13-18)计算的修正额定寿命,是仅考虑了不同可靠度要求的修正额定寿命。因为滚动轴承的可靠度计算方法是各类机械零件可靠度计算方法中最为成熟的,并且已列入国家标准,因此在本章中给以特别介绍。关于考虑了其它影响因素后,修正额定寿命的计算方法可查阅国家标准 GB/T 6391—1995。

4) 滚动轴承的当量动载荷

在国家标准 GB/T 6391—1995 中,对于向心轴承的当量动载荷用径向当量动载荷 P_r 表示;对于推力轴承用轴向当量动载荷 P_a 表示。为了简化叙述,教材中统一用 P 表示 P_r 和 P_a,因此计算公式也统一为公式(13-8)。对于不同的滚动轴承,公式(13-8)中的 X、Y 系数值应根据目前最新国家标准查得。教材的表13-5

中列出的一部分常用滚动轴承的 X、Y 值是摘自 2000 年版《滚动轴承样本》。

5) 角接触球轴承和圆锥滚子轴承的径向载荷 F_r 与轴向载荷 F_a 的计算

根据轴上所受外载荷计算每一个支点（轴承）上所受的径向载荷 F_r 与轴向载荷 F_a 是轴承寿命计算的重要步骤。这一工作对于角接触球轴承和圆锥滚子轴承而言，由于接触角 $\alpha \neq 0°$ 而使情况复杂化。

将轴上所受的径向外载荷分解为两个分别作用在两个支点上的平行分力 F_{r1} 与 F_{r2} 是容易做到的。但由于接触角 α 的存在会使 F_{r1} 和 F_{r2} 的作用点的位置发生变动（参阅图 13-13）。当两轴承间的距离不是很小时，这种变动量相对来说不是很大，因而可以用两端轴承各自宽度的中点分别作为 F_{r1} 和 F_{r2} 的作用点。

根据轴系所受的外载荷来确定两端轴承各受多少径向载荷和轴向载荷是按以下原则进行的。

① 当 F_{re}、F_{te}、F_{ae} 等外载荷已定时，F_{r1}、F_{r2} 已定。

② 由于 F_{r1} 和 F_{r2} 以及接触角 $\alpha \neq 0°$，所有受载滚动体将产生轴向分力（或称派生的轴向力），它们的合力对两个支点分别记为 F_{d1} 和 F_{d2}。正如前面已经指出的，同样的 F_{r1}、F_{r2}，由于接触滚动体的数目不同，可以产生不同的 F_{d1}、F_{d2}。在合理使用时，应保证不少于半数的滚动体处于接触状态。这时可用表 13-7 中的公式估算派生轴向分力的大小。当计算出的派生轴向分力 F_{d1}、F_{d2} 和外加轴向力 F_{ae} 三者不平衡时，有一端的轴承就要靠增加接触滚动体的数目来增大轴向分力，以保持轴向力的平衡。

③ 由于轴承安装情况与受载情况的复杂性，计算轴承的径向力与轴向力时不要死记公式，而是要学会根据具体情况进行具体分析，只有这样才不会弄错。下面介绍分析步骤：

a) 根据作用在轴上的外载荷 F_{re}、F_{te} 和 F_{ae} 求出 F_{r1}、F_{r2}。

b) 按表 13-7 估算 F_{d1}、F_{d2} 的值,它们的方向视轴承安装方向而定。参见图 13-13a、b 两个分图,注意图中把派生轴向力的方向与外加轴向载荷 F_{ae} 的方向一致的轴承标记为 2,另一端的轴承则标记为 1。

c) 由于轴最终必需处于平衡状态,所以 F_{d1} 或 F_{d2} 的值最后有一个要变化到 F'_d,以便与 F_{ae} 一起达到轴向力的平衡。如图 13-13a、b 所示,当

$$F_{ae} + F_{d2} > F_{d1}$$

则 F_{d1} 应增大到 F'_{d1},使 $F'_{d1} = F_{ae} + F_{d2}$,而 F_{d2} 则不变。当

$$F_{ae} + F_{d2} < F_{d1}$$

则 F_{d2} 应增大到 F'_{d2},使 $F'_{d2} = F_{d1} - F_{ae}$,而 F_{d1} 则不变。

d) 两端轴承所受的轴向力 F_{a1} 和 F_{a2} 如下:当 $F_{ae} + F_{d2} > F_{d1}$ 时,为 $F_{a1} = F'_{d1}$, $F_{a2} = F_{d2}$;当 $F_{ae} + F_{d2} < F_{d1}$ 时,为 $F_{a1} = F_{d1}$, $F_{a2} = F'_{d2}$。

另外,对于接触角 $\alpha = 15°$ 的角接触球轴承(70000C 型),计算当量动载荷时会有一个迭代的过程。因为 X、Y 系数的确定与比值 F_a/F_r 有关,而轴向力 F_a 的确定与判断系数 e 有关,e 的确定又与比值 F_a/C_0 有关。所以,对于一个具体的轴承,无法通过一次计算确定 e 和 F_a 的值,也就不能确定 X、Y 的值。这时可以先初选一个 e 的值,可在 $0.38 \leqslant e \leqslant 0.56$ 范围内选择,例如选 $e = 0.5$。有了初选的 e 值,就可根据力分析和表 13-7 估算出 F_a,再由比值 F_a/C_0 和表 13-5 确定新的 e 和对应的 X、Y 值,这时完成了一轮迭代。如果新的 e 值与初选的 e 值很相近,则 X、Y 值已经确定;否则,按新的 e 值再确定 F_a,计算 F_a/C_0,查 e 和 X、Y 值。一般来说,这样反复迭代一二次后就能满足要求。

4. 轴承装置的设计(§13-6)

本节所述的内容是保证轴承正常工作所不可少的。由于篇幅所限,在教材中只列举了少量典型的支承结构。更多的结构可参阅有关图册。通过这些结构,可了解滚动轴承在润滑、

密封、安装、固定、调整诸方面可能采用的基本方法以及它们的优缺点和适用范围，以备在今后设计中能正确地使用它们。在具体设计时，由于条件不同，不要照抄硬搬，而是应该根据具体条件加以灵活运用。这一点在进行轴承装置设计时必需特别注意。

四、复习思考题

1. 滚动轴承由哪些基本元件组成？它们的作用是什么？
2. 滚动轴承有哪些类型？试比较 3、5、6、7、N 这五种类型轴承的主要特点和适用场合。
3. 轴承代号的前置、基本和后置代号各代表什么意义？基本代号有几位？各代表什么意义？
4. 为什么内圈固定、外圈转动时，作用在固定套圈上的载荷的变化频率比内圈转动、外圈固定时要高一些？
5. 什么是滚动轴承的接触角？什么是载荷角？它们之间有没有联系？
6. 为什么轴向力的大小会影响某些类型轴承的承载滚动体数目？
7. 滚动轴承的类型选择应考虑哪些因素？高速轻载的工作条件宜选用哪一类轴承？低速重载又宜选用哪一类轴承？
8. 什么叫游动支承？在什么情况下采用？
9. 什么叫滚动轴承的基本额定寿命？什么叫滚动轴承的预期计算寿命和计算寿命？
10. 滚动轴承尺寸选择的原则是什么？
11. 接触角 $\alpha \neq 0°$ 的轴承所受的轴向载荷 F_a 如何计算？当仅有外加径向载荷 F_{re} 而没外加轴向载荷 F_{ae} 时，这类轴承还有没有轴向载荷 F_a？为什么？
12. 什么叫滚动轴承的基本额定动载荷？什么叫滚动轴承的当量动载荷？
13. 什么叫滚动轴承的基本额定静载荷？它有什么用处？

14. 滚动轴承装置设计包括哪些内容？

15. 为什么滚动轴承的外圈与轴承座孔一般采用较松的配合，而内圈与轴采用较紧的配合？

16. 什么叫滚动轴承的预紧？为什么要预紧？

17. 滚动轴承常用哪几种润滑方式？适用范围如何？

18. 滚动轴承常用哪几种密封方式？其优缺点及适用范围如何？

第十四章　联轴器和离合器

一、本章主要内容、特点及学习要求

1. 主要内容

本章主要内容为常用联轴器和离合器的类型、结构、工作原理、性能、特点、应用场合、选择及计算方法，并对安全联轴器和特殊用途及特殊构造的联轴器、离合器作了简要的介绍。

2. 特点

本章特点是阐述的对象均为独立部件，种类较多，而且除对少数最常用的作稍多说明外，一般只作概略介绍，学习时应针对本章特点，明确学习要求。

3. 学习要求

1）了解常用联轴器和离合器的主要类型和用途。

2）掌握常用联轴器的结构、工作原理、特点、影响工作性能的因素，以及选择与计算方法。

3）掌握常用离合器的结构、工作原理、性能、特点、选择及计算方法。

二、本章重点及学习注意事项

本章重点是最常用的几种联轴器，如弹性套柱销联轴器、多盘摩擦离合器等。另外，对凸缘联轴器、十字滑块联轴器也作了较多的说明。

学习本章时应注意：

1. 注意将联轴器和离合器的功用加以对比。另外还应搞清对所有联轴器和离合器，都是使用与其具体工况相应的工作情况系数 K_A 来考虑各种因素对载荷的影响的。

2. 在"联轴器"一节中，首先应了解联轴器在结构上采用不同形式的原因，着重掌握各种联轴器的结构、特点、使用场合等。并应结合实物或模型重点了解各种联轴器的结构。

对于刚性联轴器（主要是凸缘联轴器）和无弹性元件的挠性联轴器（主要是十字滑块联轴器）在使用上的优缺点，应有充分的了解（后者允许有径向、轴向和偏角位移是一个显著的优点，在实用上可以带来很大的方便）。

对于有弹性元件的挠性联轴器（主要是弹性套柱销联轴器）应着重了解其弹性元件的作用。

对于各种联轴器极限转速的限制，应从由于所联接的两轴的不同心将产生离心力和发生接合面的磨损等方面来理解。

各种联轴器多已标准化或规格化，设计时主要是根据机器的工作特点及要求，结合联轴器的性能选定合适的类型。因此必须掌握联轴器的选用原则，熟悉各种联轴器的标准和安装要求。在选择联轴器时，结合工作条件注意联轴器对轴线误差（轴向、径向、偏角）的补偿能力及减振能力，并应着重注意要按计算转矩 $T_{ca} = K_A T$ 来选择，而不是按所传递的转矩 T 选择的。

3. 在"离合器"一节中，首先应了解离合器需满足的基本要求。对于牙嵌离合器应着重了解牙型种类、各种牙型使用的场合，以及选择时应进行接合面上压力 $p \leqslant [p]$ 与牙根强度 $\sigma_b \leqslant [\sigma_b]$ 等验算。

对于摩擦离合器应着重了解其工作特性、对摩擦面材料的基本要求，选择时应进行接合面上压力 $p \leqslant [p]$ 的验算。并应将摩擦离合器与牙嵌离合器加以比较。

4. 对于安全联轴器及安全离合器应着重了解其使用意义及

其能够起安全作用的工作原理。

5. 对于特殊功用及特殊构造的联轴器及离合器,应着重了解其特殊性,如定向联轴器只传递单向载荷,离心离合器只在一定工作转速下才能接合或分离等。

三、复习思考题

1. 联轴器和离合器的主要功用是什么?它们的功用有何异同?
2. 常用联轴器有哪些主要类型?它们的结构性能如何?
3. 选用联轴器应考虑哪些因素?
4. 什么联轴器允许轴有较大的安装误差?什么联轴器只允许不大的安装误差?
5. 凸缘式联轴器有几种对中方法?各种对中方法的特点是什么?
6. 万向联轴器有何特点?双万向联轴器安装时应注意什么问题?
7. 比较刚性联轴器与挠性联轴器的优缺点,各举一例说明它们的适用场合。
8. 要想使轴线间有偏角位移 α 的两根轴保持相同的转速,应采用什么样的联轴器?
9. 比较刚性联轴器和无弹性元件的挠性联轴器的优缺点,并各举一例说明它们适用的场合。
10. 常用的离合器有哪些主要类型?它们的结构性能如何?
11. 离合器应满足哪些基本要求?
12. 牙嵌离合器的牙形有几种?选用时应进行哪些计算?
13. 摩擦离合器的摩擦面材料应具有哪些性质?

第十五章　轴

一、本章主要内容、特点及学习要求

1. 主要内容

本章主要讨论了轴的结构设计问题,阐明了轴的三种强度计算方法,并对轴的刚度计算、振动稳定性等作了简要介绍。

2. 特点

轴的设计与其它零件的设计有所不同,由于轴上零件的轮毂尺寸和轴承尺寸需根据轴径来确定,而计算轴径所需的受力点和支承位置又与轴上零件和轴承的尺寸和位置有关。因此,轴的设计步骤通常是先估算出轴径,在此基础上进行轴的结构设计,然后进行轴的强度(或刚度)校核计算,如遇强度(或刚度)不足时,再对轴的结构尺寸进行适当的调整,必要时还应再作相应的校核(只有在转速较高时,才需校核其振动稳定性),即轴的设计过程是结构设计与强度(或刚度)校核计算交替进行,逐步完善的。

3. 学习要求

1）搞清转轴、心轴和传动轴的载荷和应力的特点。

2）了解轴的设计特点,学会进行轴的结构设计的方法,熟悉轴上零件的轴向和周向定位方法及其特点,明确轴的结构设计中应注意的问题及提高轴的承载能力的措施。

3）掌握轴的三种强度计算方法,分清各自的计算特点和适用场合。

4）掌握轴的刚度计算方法。

5）了解轴的振动起因和振动稳定性的粗略校核方法。

二、本章重点及学习注意事项

本章的重点为阶梯轴的结构设计和强度、刚度校核计算。

学习本章时应该注意:

1. 轴的结构设计没有一个固定的程序,它是根据轴上载荷大小、方向和分布情况,轴上零件的布置和固定方法,以及轴的加工和装配方法等而灵活决定的,以轴上零件装拆方便、定位准确、固定牢靠等来衡量轴结构设计的好坏。作轴的结构设计时,往往可以先拟定几种不同方案进行比较后加以取舍。例如某一齿轮减速器的输出轴,其简图如图 15.1a 所示,轴的右端装有半联轴器 5,

轴上靠左支承处装一齿轮2,轴用滚动轴承1、4作支承。若把右端的半联轴器5做在轴上,此时装于轴上的轴承、齿轮等就得全部从轴的左端装拆,按这个装拆方案设计出来的轴的结构形式如图15.1b 所示。若让半联轴器5,轴承4等零件从轴的右端装拆,而轴承1、齿轮2等零件从轴的左端装拆,则按此装拆方案设计出来的轴的结构形式如图15.1c所示。从以上两个装拆方案(还可设想其它的装拆方案)对比可知,轴上零件的装拆方案不同,轴的结构形式也就不一样,这就产生了哪个方案较好的问题。下面就来分析比较按照上述两种不同的装拆方案所设计出来的轴的结构特点。

  图15.1b所示的轴的结构,由于半联轴器做在轴端上,所以从锻造轴的毛坯来看,需要较大的锻压设备,即制作毛坯有些困难,但因零件数和配合面数都减少了,故轴部件总的制造、检验和装配要方便多了。另一方面,由于轴上零件全部由轴的左端装入,为了易装易拆,轴的各段直径就必然要由左到右逐段加大。从轴的强度和刚度来看,轴右端部分的尺寸就偏大了些,而且轴两端的轴承也不能成对使用,箱体上的两个轴承座孔也不一定都能取得同样大[1],这又是不利的一面。但若成批生产该减速器时,由于这一方案在结构和装配等方面有它的长处(例如轴的伸出端与钢丝绳卷筒轴相联时,卷筒轴只需在其另一端装一个支架,故可省去一个支架,而且结构紧凑,易于对中),所以起重机用的一种减速器的轴就设计成这种结构,并在专业工厂成批生产。

  图15.1c所示的轴的结构,其特点恰与前一结构相反,可直接用圆钢做轴的毛坯,但总的制造装配等工作量要多些。不过,就轴的强度和刚度来说,轴两头细,中间粗,结构较合理;轴承可成对使用;箱体上的两个轴承座孔可一次镗好,装配精度较易保证。所以按

---

  [1] 图15.1b中是选凑了两个内径不同而外径相同的轴承,这一般很难凑巧办到。

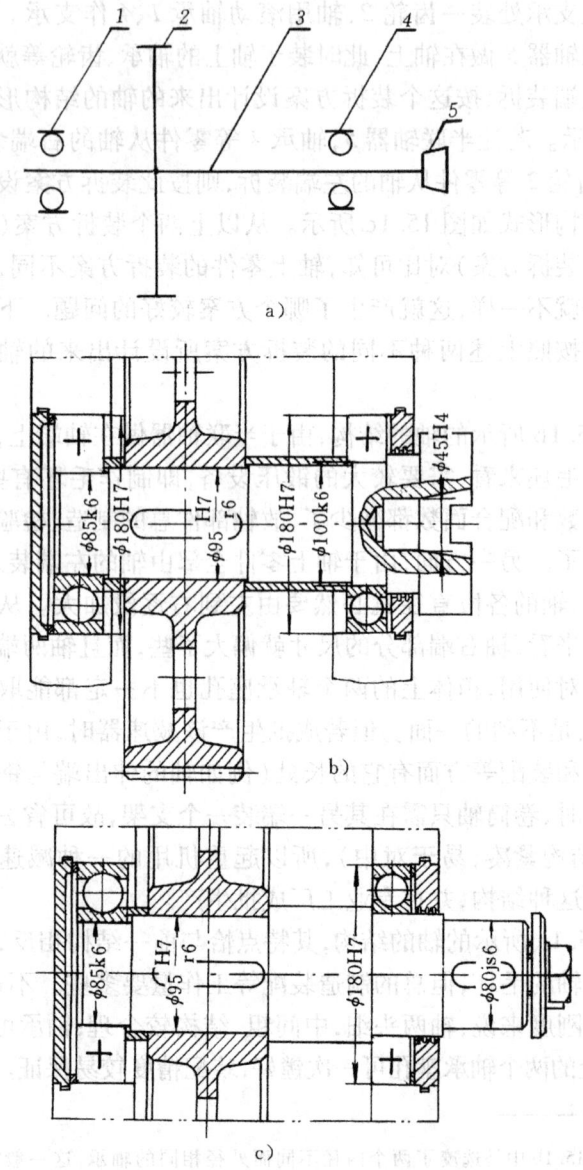

图 15.1 轴的结构分析

这种装拆方案设计的轴的结构,对于锻压设备不足的小型工厂或单件生产时,就显得特别合适。总之,在满足强度、刚度、装配、加工等要求的条件下,轴的结构应设计得越简单越好。

2. 学习轴的强度校核计算时应注意下列问题:

1) 当轴的结构尺寸尚未确定之前,往往采取先初估轴径的方法,把轴的受力状态简化为轴只承受扭矩。对圆截面轴受扭矩时,其强度条件如式(15-1)所示。初估的轴径一般可作为轴最细处的直径。然后根据轴上零件的安装、定位和布置等要求,进行整个轴的结构设计,定出轴的全部形状和尺寸,以备进行强度校核。

2) 按弯扭合成强度条件计算。这种计算方法,对于应力集中、绝对尺寸和表面状态等因素的影响,只是采取降低许用弯曲应力的粗略办法来加以考虑,因而只适用于主要承受弯矩的一般用途的轴。

3) 按疲劳强度条件进行精确校核。这种精确校核方法是在轴的结构形状和尺寸初步确定后,充分考虑应力集中、绝对尺寸和表面状态等影响因素,精确校核轴在变应力情况下工作的安全程度。通过对一个或几个危险截面的核算,使其满足计算安全系数(S_{ca})≥设计安全系数(S)的要求。这种方法只用于重要的轴的核算。

3. 轴的刚度计算实质上是限制轴的弯曲变形和扭转变形必须在一定的允许范围内,以免影响轴上零件的正常工作状态。对于有些轴,刚度的要求是十分严格的,如齿轮轴,机床主轴等,如果它们强度足够,但不能说明其刚度是满足要求的,因此,在进行强度计算后,还要进行刚度的核算,使其同时满足规定的要求。

三、复习思考题

1. 直轴分哪几种?各承受什么载荷?试各举一例说明。
2. 举例说明轴结构设计的要点。
3. 轴上零件的周向和轴向定位各有哪些方法?这些方法一般使用在什么场合?

4. 轴的强度计算方法常用的有哪几种？各在什么情况下使用？

5. 试述轴的强度校核方法和步骤。

6. 什么叫轴的危险截面？如何选择轴的危险截面？

7. 按第三强度理论进行弯扭合成强度计算时为什么要引入系数 α？

8. 轴的最小直径如何确定？此直径应放在轴的哪一部分？

9. 按疲劳强度进行轴的精确校核时，主要考虑了哪些因素？各个系数的意义是什么？其值如何确定？如果轴的疲劳强度不够，应采取哪些措施？在什么情况下还要进行轴的静强度校核？

10. 在什么情况下进行轴的刚度计算？如何计算？

第五篇 其它零、部件

第十六章 弹 簧

一、本章主要内容、特点及学习要求

本章主要介绍圆柱螺旋压缩(拉伸)弹簧的设计计算方法;对圆柱螺旋扭转弹簧的设计计算方法,也作了较详细的介绍。对弹簧的功用、类型、结构形式、制造方法、材料及许用应力,仅作了一般的介绍。最后还对其它类型的弹簧的特点及应用作了简单的说明。

本章特点是密切结合材料力学的有关内容,进行常用的螺旋弹簧的工作能力设计,并对其几何尺寸计算作了较详细的阐述(这是由于实用的弹簧往往有一定的空间尺寸要求),同时对材料、毛坯、工艺要求也作了较多的说明。

学习本章时应能熟练掌握各种圆柱螺旋弹簧的设计计算方法,包括结构设计、几何参数计算、特性曲线、强度计算、刚度计算,以及压缩弹簧稳定性的验算等。对其它类型的弹簧只需有一般的了解。

二、本章重点及学习注意事项

本章重点为各类圆柱螺旋弹簧的设计计算及其材料选择与工艺要求。

学习本章时应该注意:

1) 弹簧应在其材料的弹性极限范围内工作,不允许有永久变形出现。

2) 弹簧旋绕比 C 及弹簧刚度 k_F 是两个重要的参数,应了解它们之间的内在联系及对弹簧性能的影响。

3）曲度系数 K 主要考虑了螺旋弹簧的曲率对弹簧丝内应力的影响。教材中式(16-4)给出了圆截面弹簧丝曲度系数 K 的计算公式。由式中可以看出，K 值与旋绕比 C 有关。C 愈小(表示弹簧的中径小、簧丝粗)K 值愈大。在常用的 C 值范围内，K 值大约为 1.1 至 1.4。

4）圆柱螺旋弹簧的设计。设计时要根据给定的条件来决定方法和步骤。例如给定最大载荷、最大变形及结构上的要求，要求确定弹簧的尺寸。这时常需对同一参数同时选定几个数据，平行地进行计算，最后根据计算结果，加以综合的分析对比，确定一种比较经济合理的设计。由于碳素弹簧钢丝或 65Mn 钢丝的许用应力与钢丝直径 d 有关。所以计算时，需先假设一个 d 值进行试算。

5）疲劳强度的验算。对于应力循环次数较多，在变应力下工作的重要弹簧应进一步对弹簧的疲劳强度进行验算，即应满足 $S_{ca} \geqslant S_F$。

在实际工作中，螺旋弹簧的应力变化为非对称循环。现以保持最小应力不变、最大工作应力改变的弹簧，说明 $S_{ca} \geqslant S_F$ 的计算方法。

设弹簧所受的最大和最小应力为 τ_{max} 和 τ_{min}，则平均应力 $\tau_m = (\tau_{max} + \tau_{min})/2$，应力幅 $\tau_a = (\tau_{max} - \tau_{min})/2$，在图 16.1 上相应有一工作点 (τ_m, τ_a)。过 (τ_m, τ_a) 点作 45°线，该斜线与横坐标轴的交点的坐标即为 τ_{min}，在此斜线上的点所对应的最小应力 τ_{min} 均保持不变，参看图 3-3 及图 3-8。所以在这种情况下对应的极限应力为 (τ_m', τ_a')。其安全系数计算值为

$$S_{ca} = \frac{\tau'_{max}}{\tau_{max}} = \frac{\tau'_m + \tau'_a}{\tau_{max}} = \frac{2\tau'_a + \tau'_{min}}{\tau_{max}} \quad (a)$$

由图 16.1 所示的相似三角形对应边成比例，有

$$\frac{\tau_{-1} - \tau'_a}{\tau_{-1} - \tau_0/2} = \frac{\tau'_m}{\tau_0/2}$$

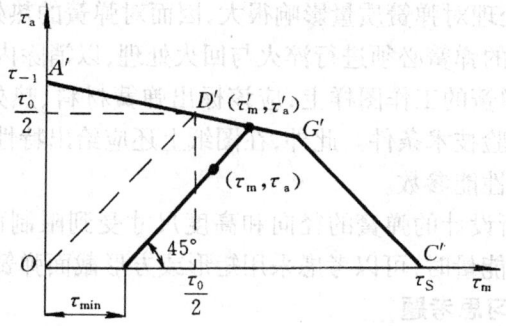

图 16.1 τ_{min} 为定值时安全系数的图示

因 $\tau_m' = \tau_a' + \tau_{min}$,则

$$\tau_a' = \frac{\tau_0}{2} + \frac{\tau_0 \tau_{min}}{2\tau_{-1}} - \tau_{min} \qquad (b)$$

将式(b)代入式(a)得

$$S_{ca} = \frac{\tau_0 + \left(\dfrac{\tau_0}{\tau_{-1}} - 1\right)\tau_{min}}{\tau_{max}} \qquad (16.1)$$

对钢制弹簧,$\tau_{-1}/\tau_0 = 0.54 \sim 0.60$,对应的$(\tau_0/\tau_{-1} - 1) = 0.85 \sim 0.67$,若取为 0.75,则式(16.1)可简化为

$$S_{ca} = \frac{\tau_0 + 0.75\tau_{min}}{\tau_{max}}$$

其疲劳强度条件为

$$S_{ca} = \frac{\tau_0 + 0.75\tau_{min}}{\tau_{max}} \geqslant S_F \qquad (16.2)$$

6)设计弹簧时,应特别注意根据弹簧使用的场合、用途及具体工况,合理地选择材料。不同材料制造出来的弹簧,质量差别很大。如航空机关炮中的弹簧,多选用 65Si2MnWA。由于在钢中加入了贵重的钨和硅,显著地提高了弹簧的抗冲击、抗振动及耐腐蚀的性能,并提高了回火的稳定性,从而可得到良好的综合机械性能。

7) 热处理对弹簧质量影响很大,因而对弹簧的热处理要求很严。热卷后的弹簧必须进行淬火与回火处理,以消除内应力。

8) 在弹簧的工作图样上,应该标出弹簧材料、热处理要求以及必要的试验技术条件。此外,在图纸上还应给出特性曲线,以便检验弹簧的性能参数。

9) 当所设计的弹簧的径向和高度尺寸受到限制而又要求能贮存较大的能量时,可以考虑采用矩形或方形截面弹簧丝的弹簧。

三、复习思考题

1. 常用弹簧的类型有哪些?各用在什么场合?
2. 对制造弹簧的材料有哪些主要要求?常用的材料有哪些?
3. 如果工作载荷 F_2 为定值时,可采用哪些办法来增大变形量 λ_2?
4. 设计弹簧时,为什么通常取弹簧旋绕比 C 为 4~16?弹簧旋绕比 C 的含义是什么?
5. 弹簧刚度 k_F 的物理意义是什么?弹簧刚度 k_F 与哪些因素有关?
6. 什么是弹簧的特性曲线?它与弹簧刚度有什么关系?
7. 在弹簧强度计算中为什么要引入曲度系数 K?
8. 圆柱螺旋拉、压弹簧受载后,弹簧丝截面上受有哪些载荷?各产生什么样的应力?
9. 今有 A、B 两个弹簧,弹簧丝材料、直径 d 及有效圈数 n 均相同,弹簧中径 D_A 大于 D_B,试分析:

1) 当载荷 F 以同样大小的增量不断增大时,哪个弹簧先坏?
2) 当载荷 F 相同时,哪个弹簧变形量大?

10. 影响弹簧稳定性的结构因素是什么?如何改善弹簧的稳定性?在什么情况下要进行稳定性、共振及安全系数的验算?
11. 什么是弹簧的变形能?变形能与弹簧材料及旋绕比有何关系?变形能的大小反映弹簧的什么性质?
12. 圆柱螺旋拉、压弹簧的弹簧丝最先损坏的一般是内侧还是外侧？为什么？

13. 设计弹簧如遇刚度不足时，改变哪些参数可得刚度较大的弹簧？

14. 当圆柱螺旋压缩弹簧有失稳可能时，可采用什么防止措施？

15. 当圆柱螺旋拉、压弹簧承受变载荷时，怎样校核其疲劳强度？

16. 加装几个什么样的零件可把一个圆柱螺旋压缩弹簧作为拉伸弹簧使用？

第十七章 机座和箱体简介

一、主要内容与学习要求

本章概略介绍了机座及箱体的一般类型、材料及制法、常用的截面形状和肋板的布置原则，以及设计机座及箱体零件时应该考虑的问题。

本章应通过自学，并结合日常生活和工作对多种机座及箱体进行观察与分析，以便对各类机座及箱体获得一般的了解。

二、复习思考题

1. 机座及箱体一般可划分为几大类？各举一个应用实例。
2. 机座及箱体工作能力的主要指标是什么？
3. 布置机座及箱体的肋板时，一般应考虑哪些问题？
4. 进行机座及箱体的设计时，一般需注意哪些问题？

第十八章 减速器和变速器

一、本章的主要内容与学习要求

1. 主要内容

本章主要内容为减速器的主要类型、特点和应用；变速器的变速原理、特点及应用；摩擦轮传动的基本知识。

2. 学习要求

应对减速器的类型,最常用标准减速器的特点和应用有一个基本了解。关于减速器设计的基本知识将在机械设计课程设计中进一步学习。

应掌握机械变速器(特别是无级变速器)的变速原理,会分析常用的机械变速器的变速范围或幅度,了解各类常用机械变速器的特点和应用。

了解摩擦轮传动的基本知识和圆柱摩擦轮传动的强度计算方法。

二、复习思考题

1. 通用减速器有哪几种主要类型?其特点如何?
2. 常用齿轮减速器有哪些基本类型?各有何特点?
3. 变速器与减速器有何不同?哪些场合需要采用变速器?
4. 无级变速器与有级变速器有哪些区别?从功能上或经济上看,是否可用无级变速器取代有级变速器?
5. 常用的无级变速器的传动原理是什么?一般机器中常用哪些机械方法来实现无级变速?
6. 摩擦轮传动的工作原理是什么?
7. 摩擦轮传动的基本型式有哪些?各用在哪些场合?
8. 摩擦轮传动有哪些优缺点?
9. 试用简图表示定传动比(指基本稳定)的和变传动比的摩擦轮传动各一种。
10. 为什么机械无级变速器中常采用摩擦轮传动?试举出在机械中的一个应用实例。
11. 怎样进行摩擦轮强度的设计计算或校核计算?

教 材 附 录

教材中编入附录"常用量的名称、单位、符号及换算关系表"

的目的,决非仅仅为了便于学生查用机械设计中常用单位的换算关系,还为了要求学生把其中最常用的部分搞明白、写正确、记清楚,以便在阅读和引用有关新老书籍和资料时,能对各处所用的单位辨别清楚,并在自己使用时对计量单位的名称、符号书写和相互换算都能正确无误。

C. 机械零件结构设计基本知识

在机械零件及整台机器的设计过程中,计算工作只占一小部分工作量(注意:计算结果所得的数值往往要被结构设计作些修改),而占有较大的工作量,并对零件和机器的尺寸及形状起决定性作用的乃是结构设计。计算是为了保证满足零件的强度、刚度、寿命等要求,而结构设计是要从经济、工艺、使用、检修等要求出发,设计出用料少、成本低、制造和装配都较容易的零件,以及使用、维护方便,运转费用低廉的机器。

零件结构设计的好坏,在很大程度上取决于毛坯选择得是否合理。毛坯的选择,一般取决于零件的生产批量、材料性能和毛坯的制造工时、材料用量等。在单件或小批生产时,应避免采用铸造或模锻的毛坯,因为这时木模或锻模的造价高而利用率低。若选用焊接或自由锻的毛坯往往较为经济,且可节约工时,缩短工期。当然,如从力学性能看,锻造毛坯则比铸造的好。对生产批量大、形状复杂、尺寸较大的零件(如机座、箱体等),应采用铸造毛坯。生产批量大、形状不甚复杂、强度要求高而尺寸不大时,可采用模锻的毛坯。大量生产、形状不太复杂的薄壁件,则可采用冲压毛坯。毛坯的形状应尽可能接近零件的形状,这样既可节省机械加工工时,又可节约材料和刀具。目前的铸造及模锻技术已可制出尺寸相当精确的零件,有时无需再经机械加工。

进行零件结构设计时,应力求结构简单,便于制造、装配及检修。也就是说,应使零件的内外表面(特别是内表面)尽可能平直,尽可能为简单的几何面(平面、圆柱面等),且各面最好互成平行或垂直,尽量避免倾斜、突变、岔道、锐角及复杂的曲面等等。

除了上述结构设计的一般原则外,下面根据零件毛坯及加工方法的不同分别进行讨论。

一、铸造零件结构设计要点

1. 铸件的壁厚不宜过薄,以免由于液态金属的流动性所限而不能完整地铸出。通常铸铁件壁厚 $\delta > 6 \sim 8$ mm;铸钢件 $\delta > 10 \sim 12$ mm。但壁厚也不宜过大,而且各部壁厚应接近均匀(图 C.1),以免产生缩孔等缺陷。故在满足强度、刚度及铸造工艺要求的条件下,还应尽可能地减小壁厚。

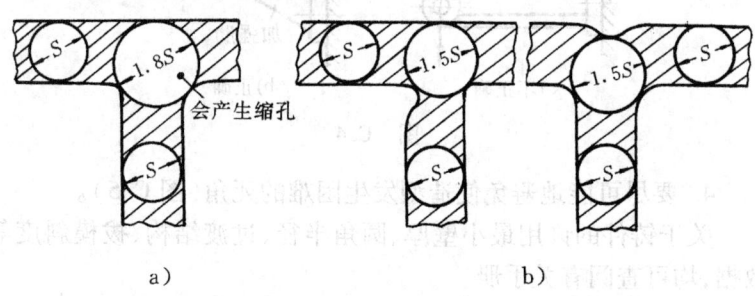

S—铸件壁的截面内可以作出的最大圆的直径尺寸

图 C.1

铸件内腔壁厚应较外壁厚减小 15%~20%(因内壁冷却较慢),不同壁厚联接处,应采用过渡结构(图 C.2)。铸件各个面的交界处应采用圆角结构。对于取模时易被擦坏的棱角,应取较大的圆角;对于以后要被机械加工切去的边缘,宜用较小的圆角。

2. 垂直于分箱面的表面应有适当的铸造斜度,以利造型及拔模(图 C.3)。常用斜度为 $a:h = 1:20 \sim 1:50$。

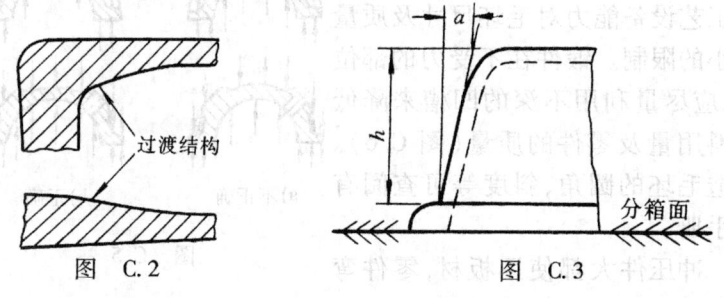

图 C.2 图 C.3

3. 当需增强铸件的刚度时,宜采用加强肋(图 C.4),肋的厚度可取为所固联的壁厚的 80%~100%,并应注意发挥铸铁抗压强度高于抗拉强度的特性,把肋放在受压的一边。

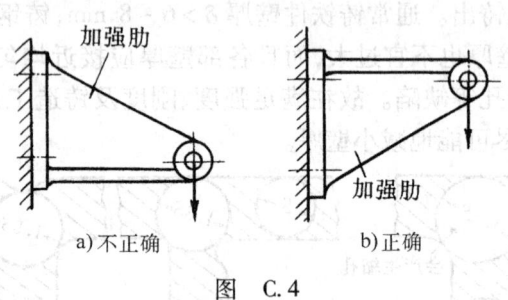

图 C.4

4. 要尽可能地避免使造型发生困难的死角(图 C.5)。

关于铸件的许用最小壁厚、圆角半径、过渡结构、拔模斜度等数据,均可查阅有关手册。

二、锻造及冲压零件结构设计要点

自由锻造的毛坯,形状应很简单,并具有对称性,模锻毛坯的结构形状可稍较复杂,但不应有很深的凹槽。模锻只宜用来制作中小型毛坯(一般模锻毛坯质量不超过100kg。设计锻件时,应密切注意结合工艺设备能力对毛坯尺寸及质量大小的限制。锻件在不受力的部位上,应尽量利用不深的凹槽来降低材料用量及零件的质量(图 C.6)。锻造毛坯的圆角、斜度等可查阅有关手册。

冲压件大都使用板材,零件弯

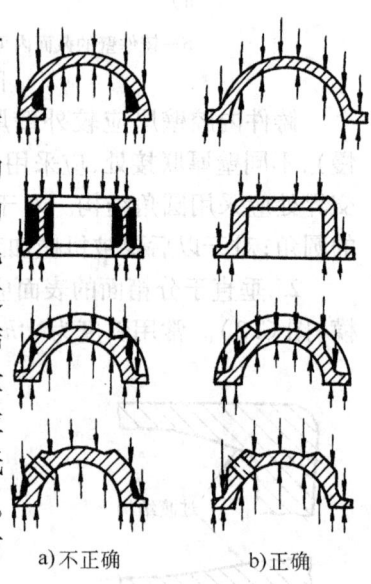

图 C.5

边大小应在材料韧性允许的限度以内,结构形状应很简单。展开形状应以最充分地利用板材为原则。图 C.7a 中的材料利用率 η 仅为 52%;C.7b 中则达 81%。

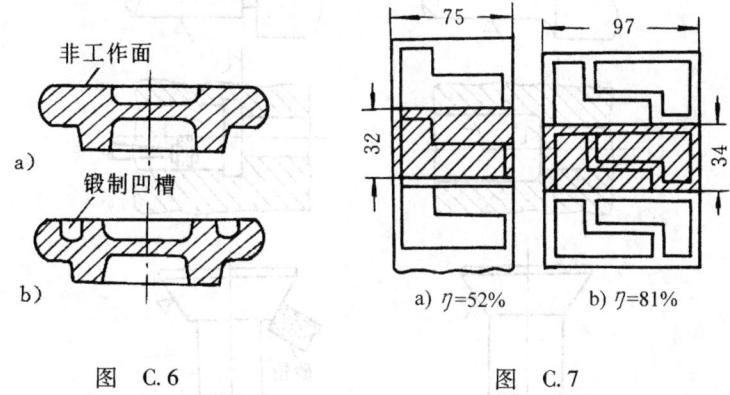

图 C.6　　　　　　　图 C.7

三、机械加工零件结构设计要点

对于要进行机械加工的零件,作结构设计时应做到:

1. 可能加工。对于车、刨、磨等加工表面,应留有足够的退刀槽或砂轮越程槽(尺寸见手册)等。图 C.8、C.9 及 C.10 中示出了不正确及正确的结构,以便进行对比。

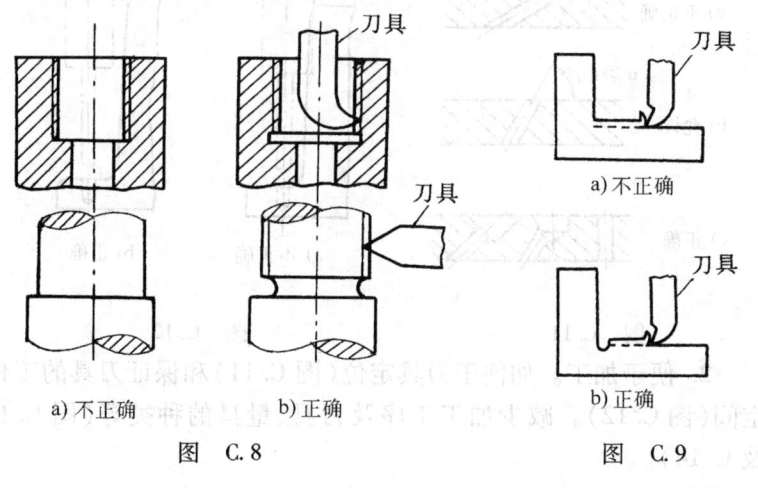

图 C.8　　　　　　　图 C.9

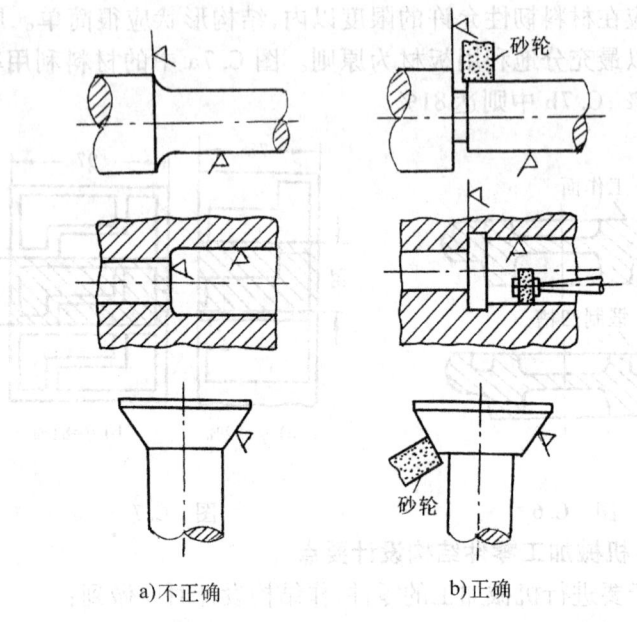

a) 不正确　　　　　　b) 正确

图 C.10

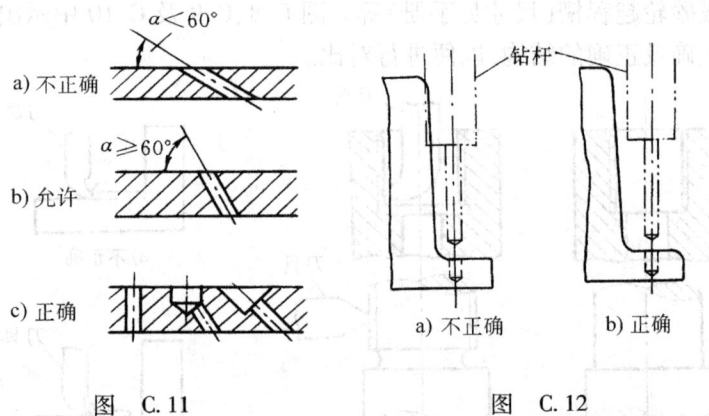

图 C.11　　　　　　图 C.12

2. 便于加工。如便于刀具定位(图 C.11)和保证刀具的工作空间(图 C.12)。减少加工工序及刀具、量具的种类等(图 C.13 及 C.14)。

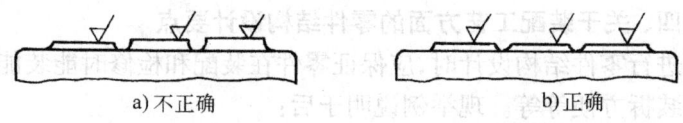

a) 不正确　　　　　　　　b) 正确

图 C.13

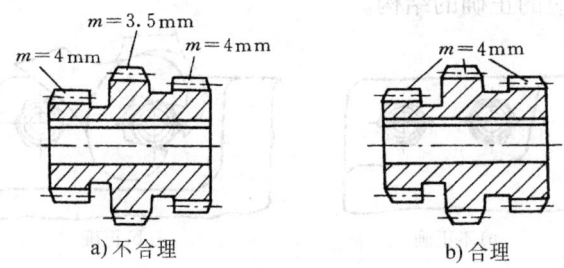

a) 不合理　　　　　　　　b) 合理

图 C.14

3. 减少加工量。如注意减少加工面数或加工面积等(图 C.15)。

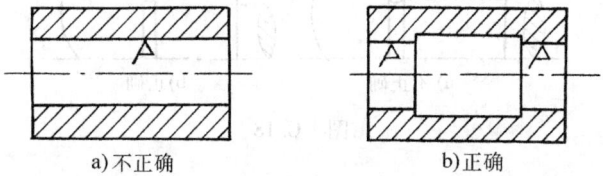

a) 不正确　　　　　　　　b) 正确

图 C.15

4. 保证加工精度。如图 C.16 中,图 b 所示的机架,增加了加强肋,减小了底部两端加工时的变形,从而提高了加工精度。

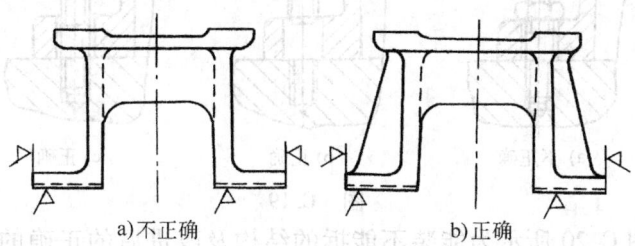

a) 不正确　　　　　　　　b) 正确

图 C.16

四、关于装配工艺方面的零件结构设计要点

进行零件结构设计时,应保证零件在装配和检修时能装能拆,并且装拆方便等等。现举例说明于后:

1. 能装能拆。图 C.17、C.18、C.19 所示为不便或不能装配的结构及相应的正确的结构。

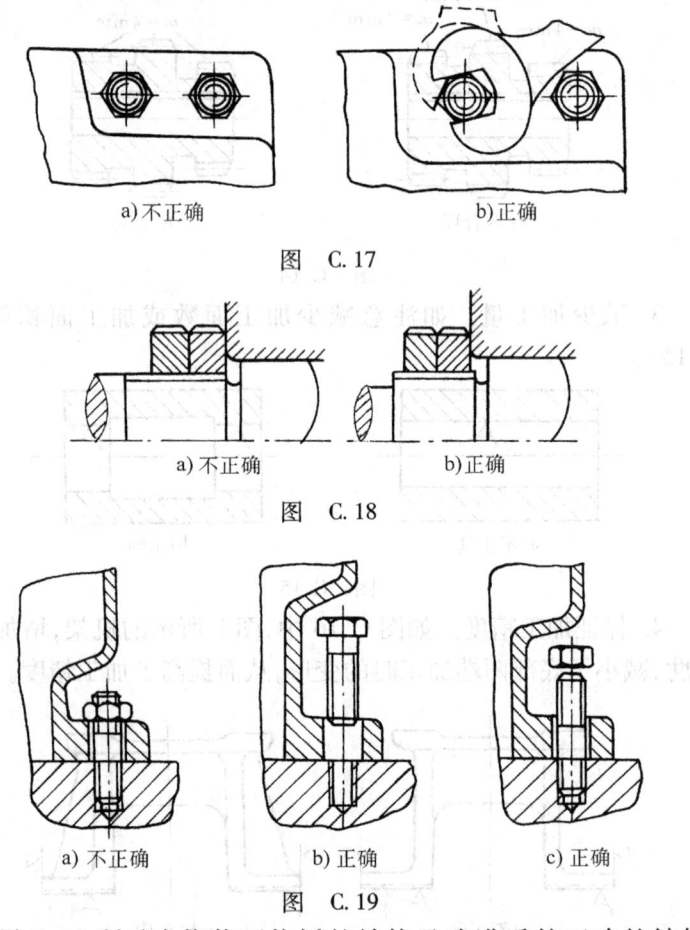

图 C.17

图 C.18

图 C.19

图 C.20 所示为能装不能拆的结构及改进后的正确的结构。图 C.21 为装配时端面不能贴合的结构及正确的结构。

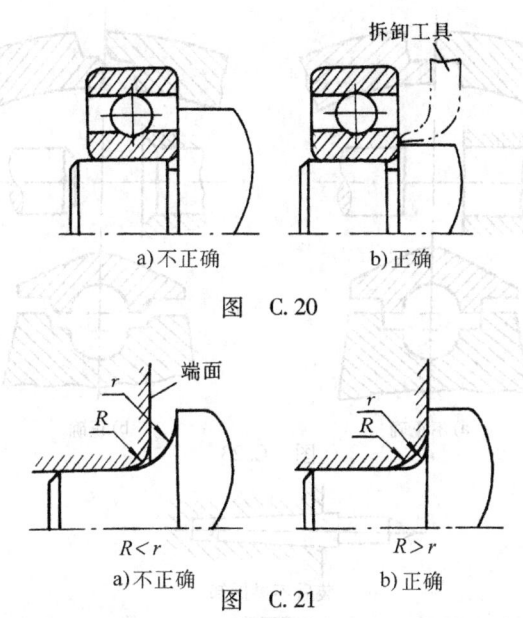

图 C.20

图 C.21

2. 便于装拆。图 C.22 所示为要求三个零件的端面同时贴合的不合理结构,以及改进后可以降低制造精度要求和成本,便于安装和减少修配工作的合理结构。图 C.23 为无倒角、不便安装的结构及正确的结构。图 C.24 所示为不便拆卸及改进后便于拆卸的结构。

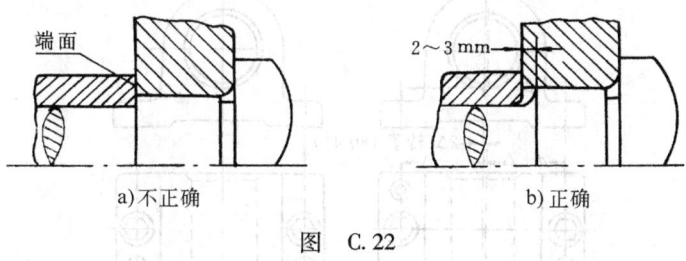

图 C.22

3. 能避免安装错误。如图 C.25 所示的轴承座,定位销钉孔按图 b 那样布置,就可从结构上避免安装错误。

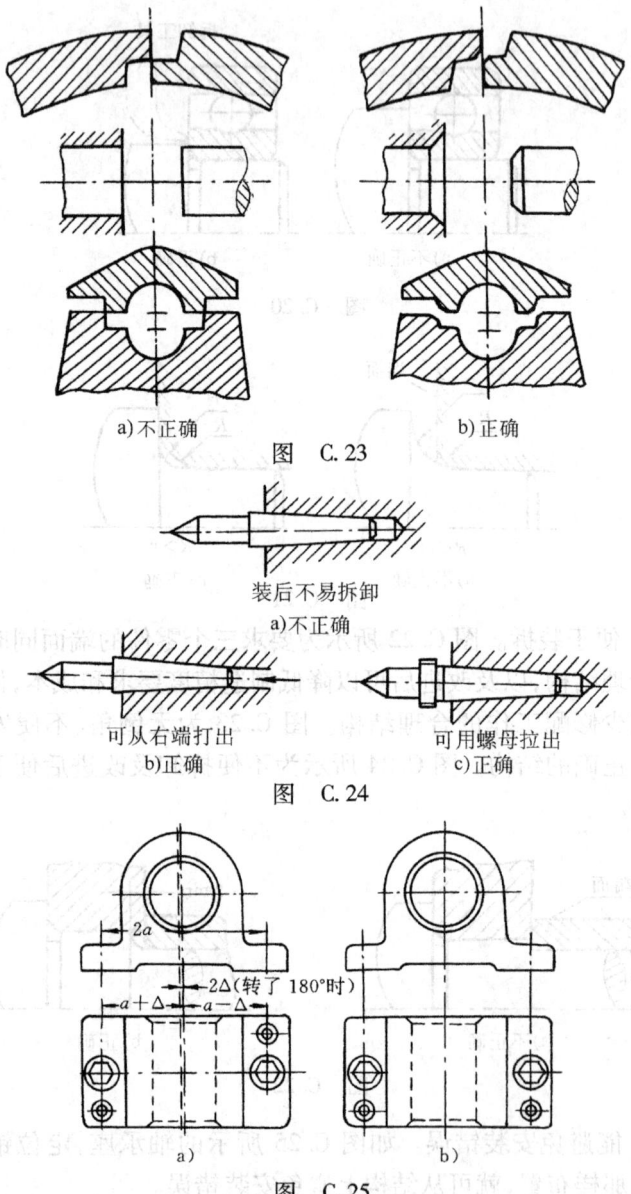

a) 不正确　　　　　b) 正确

图 C.23

装后不易拆卸
a) 不正确

可从右端打出　　　可用螺母拉出
b) 正确　　　　　　c) 正确

图 C.24

图 C.25

4. 能调整。结构型式应具有必要的可调整性。例如安装角接触球轴承时,所需的间隙就是利用轴承装置结构中的调整垫片来进行调整的。

5. 能使制造误差不影响装配质量以降低装配的精度要求。例如圆柱齿轮传动中的小齿轮应比大齿轮加宽 5~10 mm,以备即使有装配误差,仍可保证全齿宽都能啮合。图 C.22 中的轮毂比轴段宽 2~3mm,也是为了保证装配质量,降低装配精度要求。

五、关于提高零件强度方面的结构设计要点

通过改进结构来提高零件的强度(或刚度),也有着很大的潜力。其要点是:

1. 采取降低零件载荷的结构措施。例如图 C.26 所示,通过改进带轮的结构,就可减小轴的悬臂部分的长度,从而降低了轴上的弯矩。另外,在受到冲击和振动的零件结构中,适当地加入弹性元件,就能缓冲吸振,从而降低了动载荷。

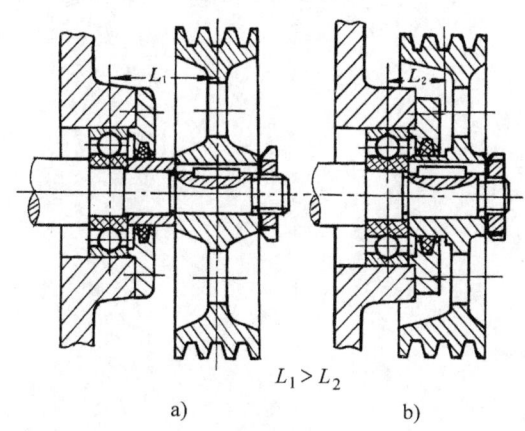

图 C.26

2. 采取降低应力集中因素的结构措施(参看教材图 15-19),以提高零件的抗疲劳强度和工作寿命。

3. 采取改善零件受力及应力状态的结构措施。例如:长杆尽可能设计成拉杆;尽可能使零件受力对称、均匀;避免受有偏心力矩(如安装螺栓头或螺母处的支承面要加工、加装垫圈等),均可改善零件的受力及应力状态。

六、关于节约零件材料方面的结构设计要点

通过精心设计零件的结构形状来节约材料,潜力也是很大的。例如:合理地减小各种零件的尺寸,尤其是减小传动零件的安装和拆卸尺寸;需要使用铸件的地方,尽可能采用薄壁铸件;只在必要的部位才使用昂贵的材料(例如硬质合金车刀,只在一般钢材的刀杆上装上硬质合金的刀头)等。

D. 机械设计习题的解题方法

学习机械设计课程时，常会感到教材内容看懂了，但是不会做习题。究其原因：一是由于这是一门头一次遇到的实践性很强的课程，它的习题比以前的材料力学、机械原理等课程的习题更为联系实际，其解题方法有较大的差别；二是由于解题时要用到有关实际零部件的材料（包括热处理）、制法、结构、装配、标准、规范等方面的知识；三是由于机械设计习题的解题过程一般比较复杂，而且往往不是只有一个答案，常需经过对比、分析才能作出决策，因而可能需经某些试算与反复；四是由于还没有设计经验，对解题结果缺乏判断力，心中不太踏实。因此，有必要对机械设计习题作些说明，并介绍一些有关解题的步骤、方法及注意要点，以供初学者参考。

一、解题的作用和目的

机械设计既然是一门实践性很强的课程，学习时就不仅要掌握其中的基本知识、基本理论和基本方法，而且要能运用它们设计出合用的机械零、部件和简单的机械。因此，必须通过各个实践环节的锻炼，才能真正学到手。做习题就是其中的一个重要实践环节。

机械设计课程安排习题的目的，主要使学生通过做题，练习根据习题给出的原始数据、已知条件和解题要求，经过自己的分析思考，运用所学的知识和借助于有关的公式、图表、手册等，去设计或选用合格的机械零、部件，从而加深理解设计理论和计算方法，熟悉常用的设计资料，掌握初步的设计技能。

二、机械设计习题的主要类别和解题工作内容

机械设计习题是多种多样的，常见的习题主要有以下几类：

1. 练习运用公式、线图、表格、手册等的习题。

2. 给出具体的零、部件及其工况,要求:a) 判断其是否合用？b) 对不合用的如何进行改进？

3. 给出零、部件的工况和某些限制条件(如外廓尺寸、质量大小、使用寿命以及某些特殊要求等),要求选出合用的标准零、部件。

4. 给出同一工况下工作的几种不同结构型式的零、部件,要求对比其优缺点并作出抉择。

5. 给出零件的工况和某些限制条件,要求设计出合用的零件(包括绘制其图样)。

6. 给出某种装置或传动型式的工况,要求确定其中各个零件的受力情况(类别、方向及作用点)和应力类别。

7. 给出某个零件的工作图或部件的装配图,要求指出其中的错误或不当之处,并作出相应的更正或改进。

8. 给出原动机、工作机及有关条件,要求设计或选择其合用的传动装置。

由于习题的类别不同,所要求的解题工作内容自然也随之而异。例如:对于上述第1类习题,只要在搞清公式、线图、表格等的应用条件的基础上,正确查用有关数据及代入公式计算,就不难顺利完成解题任务。对于第2类习题,因零、部件的材质、结构尺寸、性能参数及工作情况等均为已知,即可建立出相应的力学模型,选出对应于具体工况的有关系数,按照解题要求和相应的限制条件(如强度、刚度、寿命、振动稳定性等条件)建立数学模型,通过校核计算判断其是否合用,并针对不满足条件的零、部件中存在的问题,研究改进措施,如改变材质、结构尺寸、支承型式与位置等,在原题容许的条件下确定出合理的措施,使之满足合用的要求。第3类习题属于选用标准零、部件问题。这类问题首先需要根据给定的工况和对零、部件提出的要求,建立相应的数学模型,根据计算结果和其余的要求查选手册中合用的标准零、部件。对其余几种类别的习题,亦应参照上述方法分析题意,分别确定解题的工作内容。

由上可知,解题时需要用到多方面的知识,所以解题前应做好必要的准备工作,订出适当的解题步骤,才能顺利地完成解题任务。

三、解题前的准备工作

1. 认真复习教学内容。听课后和解题前,必须认真复习教学内容,切实掌握有关的基本知识、设计理论和计算准则,搞清公式、线图、表格等的应用条件及使用方法,并详细阅读有关例题,明确解题要求,分析解题思路、解题步骤和处理方法。决不要在没有具备解题条件之前就作习题。这样必然不得要领,事倍功半。

2. 备妥必要的工具。解题前要备妥计算、绘图工具及手册等资料,以便随手使用,提高工作效率。

四、解题的一般步骤和注意要点

1. 分析题意、原始数据及有关条件,抓住问题的实质、关键及最终要求。这一步是最基本、最重要的工作。如不扎实做好这步工作,就会枉走弯路,偏离解题目标。

2. 拟定解题步骤。在上一步工作的基础上,根据思考的解题途径,拟定相应的解题步骤。对于较为繁杂的习题,应画出简明的解题流程示意框图。其中应包括输入的原始数据与有关条件、需要自行选择或暂定的参数和系数、建立的力学模型和数学模型、计算结果和判别条件、要求输出的项目、必要的反馈流线等。如采用电算时,还应编出所需的电算程序。

3. 进行解题工作。按照解题步骤或解题流程框图逐步进行解题工作,得出初步结果,并注意计算中的有效数字及根据标准、规范、优先数等进行适当的圆整,直到得出初步设计方案。

4. 进行方案评价。分析初步设计方案的合理性与合用性,这一步非常重要,决不要认为得出初步设计方案,解题工作就算完成。此外,对于可能出现的几个答案(例如多路平行计算的结果),还应对照题意和条件进行对比分析与决策,最后取定满意的设计方案。

5. **绘出图样**。按照题意的要求,将设计方案用图纸(零件工作图、部件装配草图或几个部件的配置图等)详细表达出来。

五、解题方法示例

1. 螺栓联接设计

例题:图 D.1 所示的矩形钢板,用 4 个 5.6 级的 M16 的普通螺栓固定在型号为 25b 的标准槽钢上,接合面间的摩擦系数 $f=0.4$,钢板悬臂端承受的外载荷为 16 kN,试分析这种联接是否可靠。

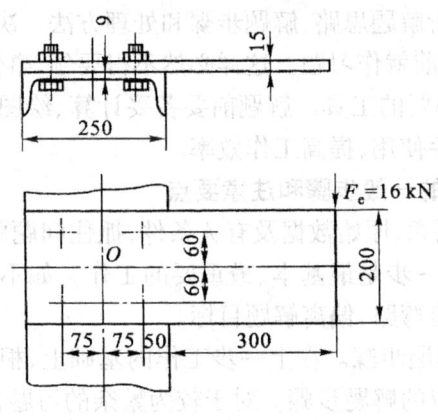

图 D.1 螺栓组联接

1) 题意分析

由题意可知,这是用普通螺栓将矩形钢板与槽钢联接,靠接合面上的摩擦力来承受外载荷的螺栓组联接。接合面上的摩擦力是由各螺栓的预紧力 F_0 产生的,即摩擦力等于 $F_0 f$。判断这种联接是否可靠,就是根据每个螺栓预紧后所产生的摩擦力 $F_0 f$ 是否大于该螺栓所承受的合成横向力 F_R(参看图 D.2),故应按 4 个 F_R 中的最大值来求出所需的预紧力 F_0,再按此预紧力来校核已知材质和结构尺寸的螺栓是否满足强度要求。若满足强度要求,则联接可靠;否则,必须提出改进措施。

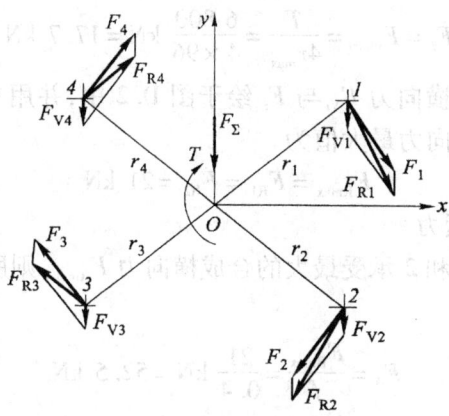

图 D.2 螺栓组受力分析

2) 解题步骤

① 建立力学模型,进行螺栓受力分析,求出受力最大螺栓的横向力;

② 根据最大横向力求出螺栓的预紧力;

③ 根据预紧力验算螺栓强度;

④ 若不满足强度条件,则提出改进措施。

3) 解题过程

① 螺栓的受力分析

在外载荷 F_e 作用下,螺栓组联接受以下力和转矩(图 D.2)。

总的垂直横向力 $F_\Sigma = F_e = 16 \text{ kN}$

绕中心 O 的转矩

$T = F_e \times (75+50+300) \text{ mm} = 16 \times 425 \text{ kN} \cdot \text{mm} = 6\,800 \text{ kN} \cdot \text{mm}$

由于 F_Σ 的作用,各螺栓平均承受的铅垂横向力为

$$F_{Vi} = \frac{F_\Sigma}{4} = \frac{16}{4} \text{ kN} = 4 \text{ kN}$$

因转矩 T 的作用,各螺栓还承受另一横向力 F_i,要特别注意的是,其中中心线距 O 点最远的螺栓所承受的 F_i 最大。但由图 D.2 可见,因 $r_1 = r_2 = r_3 = r_4 = r_{max} = \sqrt{60^2 + 75^2} \text{ mm} \approx 96 \text{ mm}$,故

$$F_i = F_{imax} = \frac{T}{4r_{max}} = \frac{6\,800}{4 \times 96}\ \text{kN} = 17.7\ \text{kN}$$

按比例将横向力 F_{Vi} 与 F_i 绘于图 D.2 中,并用平行四边形法则求得合成横向力最大值为

$$F_{Rmax} = F_{R1} = F_{R2} = 21\ \text{kN}$$

② 求预紧力

因螺栓 1 和 2 承受最大的合成横向力 F_{Rmax},则所需预紧力 F_0 至少应为

$$F_0 = \frac{F_{Rmax}}{f} = \frac{21}{0.4}\ \text{kN} = 52.5\ \text{kN}$$

③ 螺栓的许用拉应力

由教材表 5-8 知,$\sigma_S = 300\ \text{MPa}$,由表 5-10 知,安全系数 $S = 1.5$,螺栓的许用拉应力

$$[\sigma] = \frac{\sigma_S}{S} = \frac{300}{1.5}\ \text{MPa} = 200\ \text{MPa}$$

④ 螺纹小径　由手册知,$d_1 = 13.835\ \text{mm}$。

⑤ 验算螺栓强度

根据式(5-14)求得

$$\sigma_{ca} = \frac{4 \times 1.3 F_0}{\pi d_1^2} = \frac{4 \times 1.3 \times 525 \times 10^2}{\pi \times 13.835^2}\ \text{MPa}$$

$$= 454\ \text{MPa} > [\sigma]\ (强度不足)$$

由以上分析可以看出,这种靠联接接合面上的摩擦力抵抗工作载荷的普通螺栓联接,要求保持较大的预紧力(使联接接合面不滑移的预紧力 $F_0 \geq F_{Rmax}/f$,因 $f = 0.4$,则 $F_0 \geq 2.5 F_{Rmax}$)。在给定螺栓材质和直径下,结果使螺栓强度不足。要使螺栓有足够的强度,必然要增大螺栓的直径,这将使被联接件的强度因钉孔加大而削弱,联接的结构尺寸和质量也将增大。此外,若在工作中有振动、冲击或变载荷时,由于摩擦系数的变化,将使联接的可靠性降低。

为了避免上述缺陷,可改用铰制孔用螺栓联接,利用螺栓杆与

孔壁接触表面受挤压及螺栓杆受剪切来抵抗外载荷。

根据手册知，M16 的铰制孔用螺栓，其螺栓杆部的最大直径 $d_0 = 17$ mm，取相配合的一段螺栓杆长度为 17 mm。螺栓 *1* 和 *2* 承受最大剪切载荷，螺栓杆剪切的危险截面面积是

$$A_\tau = \frac{\pi d_0^2}{4} = \frac{\pi \times 17^2}{4} \text{ mm}^2 = 227 \text{ mm}^2$$

所以切应力为

$$\tau = \frac{F_{\text{Rmax}}}{A_\tau} = \frac{21 \times 10^3}{227} \text{ MPa} = 92.5 \text{ MPa}$$

由表 5-10 知，安全系数 $S_\tau = 2.5$，螺栓的许用切应力

$$[\tau] = \frac{\sigma_\text{S}}{S_\tau} = \frac{300}{2.5} \text{ MPa} = 120 \text{ MPa}$$

所以，$\tau < [\tau]$，剪切强度足够。

由于 25b 型槽钢与螺栓杆的接触长度 l 比较小，即 $l = 9$ mm，所以最大挤压应力将发生在螺栓杆与槽钢的孔壁之间（参看教材图 5-18），其挤压当量面积是

$$A_\text{p} = d_0 l = 17 \times 9 \text{ mm}^2 = 153 \text{ mm}^2$$

所以挤压应力是

$$\sigma_\text{p} = \frac{F_{\text{Rmax}}}{A_\text{p}} = \frac{21 \times 10^3}{153} \text{ MPa} = 137.3 \text{ MPa}$$

若槽钢及螺栓材料均为 Q235，则由表 5-8 知，$\sigma_\text{S} = 240$ MPa，由表 5-10 知，安全系数 $S_\text{p} = 1.25$，许用挤压应力 $[\sigma_\text{p}]$ 为

$$[\sigma_\text{p}] = \frac{\sigma_\text{S}}{S_\text{p}} = \frac{240}{1.25} \text{ MPa} = 192 \text{ MPa}$$

所以，$\sigma_\text{p} < [\sigma_\text{p}]$，挤压强度足够。

2. 带传动设计

例题：试设计一车床床头箱输入轴与电动机之间的窄 V 带传动。已知电动机功率 $P = 5.5$ kW，转速 $n_1 = 1\ 440$ r/min，带传动的传动比 $i = 2.1$，中心距 $a_0 = 800$ mm，载荷变化较小，两班制工作。

1) 题意分析

由题意可知,这是根据给定原动机、工作机及有关条件,要求设计合用的窄 V 带传动装置。设计内容包括确定带的型号、基准长度、根数、传动中心距、带轮基准直径及结构尺寸等。

2) 解题步骤

按图 8.1 所示的 V 带传动的设计流程图进行。

3) 注意要点

① 在根据计算功率和主动轮转速确定带的型号难以作出决断时,可取两相邻型号按两个方案作平行计算(此时也可列表对比各步计算结果),最后进行对比分析,取定满意的设计方案。

② 对带轮基准直径应进行适当的圆整,对窄 V 带长度应选取标准长度,对带的根数应取为有限的整数。

4) 解题过程

① 计算功率

由表 8-6 查得 $K_A = 1.2$,故
$$P_{ca} = K_A P = 1.2 \times 5.5 \text{ kW} = 6.6 \text{ kW}$$

② 选择窄 V 带型号

根据 $P_{ca} = 6.6$ kW 和 $n_1 = 1\ 440$ r/min,由图 8-9 查得可用 SPZ 型或 SPA 型。现按 SPZ 型和 SPA 型带分别设计,最后择优确定。

③ 按 SPZ 型带设计

a) 确定带轮基准直径

由表 8-3 和表 8-7 取主动轮基准直径 $d_{d1} = 90$ mm,则从动轮基准直径
$$d_{d2} = i d_{d1} = 2.1 \times 90 \text{ mm} = 189 \text{ mm}$$
根据表 8-7,取 $d_{d2} = 200$ mm。

验算带的速度
$$v = \frac{\pi d_{d1} n_1}{60 \times 1\ 000} = \frac{\pi \times 90 \times 1\ 440}{60 \times 1\ 000} \text{ m/s} = 6.786 \text{ m/s}$$

$(5 \text{ m/s} < v < 35 \text{ m/s})$（合适）

b）确定带的长度和传动中心距

根据式(8-20)确定带的基准长度

$$L_d' = 2a_0 + \frac{\pi}{2}(d_{d2} + d_{d1}) + \frac{(d_{d2} - d_{d1})^2}{4a_0}$$
$$= \left[2 \times 800 + \frac{\pi}{2} \times (200 + 90) + \frac{(200-90)^2}{4 \times 800}\right] \text{ mm}$$
$$= 2\ 059 \text{ mm}$$

由表8-2选基准长度 $L_d = 2\ 000$ mm。

按式(8-21)计算实际中心距 a

$$a = a_0 + \frac{L_d - L_d'}{2} = \left(800 + \frac{2\ 000 - 2\ 059}{2}\right) \text{ mm} = 770.5 \text{ mm}$$

c）验算主动轮上的包角 α_1

由式(8-6)得

$$\alpha_1 = 180° - \frac{d_{d2} - d_{d1}}{a} \times 57.5° = 180° - \frac{200-90}{770.5} \times 57.5°$$
$$= 171.8° \ (\alpha_1 > 120°)$$

主动轮上的包角合适。

d）计算带的根数 z

根据式(8-22)有

$$z = \frac{P_{ca}}{(P_0 + \Delta P_0)K_\alpha K_L}$$

由 $n_1 = 1\ 440$ r/min, $d_{d1} = 90$ mm, 查表8-5c得 $P_0 = 1.98$ kW, 查表8-5d得 $\Delta P_0 = 0.22$ kW; 查表8-8得 $K_\alpha = 0.98$; 查表8-2得 $K_L = 1.02$, 则

$$z = \frac{6.6}{(1.98 + 0.22) \times 0.98 \times 1.02} = 3.001\ 2$$

取 $z = 3$ 根。

④ 按SPA型带设计

a）确定带轮基准直径

由表 8-3 和表 8-7 取 $d_{d1} = 112$ mm,则
$$d_{d2} = id_{d1} = 2.1 \times 112 \text{ mm} = 235.2 \text{ mm}$$
根据表 8-7 取 $d_{d2} = 250$ mm。

验算带的速度
$$v = \frac{\pi d_{d1} n_1}{60 \times 1\,000} = \frac{\pi \times 112 \times 1\,440}{60 \times 1\,000} \text{ m/s}$$
$$= 8.44 \text{ m/s} \quad (5 \text{ m/s} < v < 35 \text{ m/s})$$

带的速度合适。

b) 确定带的长度和传动中心距

带的基准长度为
$$L_d' = 2a_0 + \frac{\pi}{2}(d_{d2} + d_{d1}) + \frac{(d_{d2} - d_{d1})^2}{4a_0}$$
$$= \left[2 \times 800 + \frac{\pi}{2} \times (250 + 112) + \frac{(250 - 112)^2}{4 \times 800} \right] \text{ mm}$$
$$= 2\,174.5 \text{ mm}$$

由表 8-2 选基准长度 $L_d = 2\,240$ mm。

实际中心距 a
$$a = a_0 + \frac{L_d - L_d'}{2} = \left(800 + \frac{2\,240 - 2\,174.5}{2} \right) \text{ mm} = 833 \text{ mm}$$

c) 验算主动轮上的包角 α_1
$$\alpha_1 = 180° - \frac{d_{d2} - d_{d1}}{a} \times 57.5° = 180° - \frac{(250 - 112)}{833} \times 57.5°$$
$$= 170.5° \quad (\alpha_1 > 120°)$$

主动轮上的包角合适。

d) 计算带的根数 z

查表 8-5c 得 $P_0 = 3.31$ kW,查表 8-5d 得 $\Delta P_0 = 0.56$ kW;
查表 8-8 得 $K_\alpha = 0.98$;查表 8-2 得 $K_L = 0.98$
则
$$z = \frac{P_{ca}}{(P_0 + \Delta P_0) K_\alpha K_L} = \frac{6.6}{(3.31 + 0.56) \times 0.98 \times 0.98} = 1.776$$

取 $z=2$ 根。

方案评价与决策：

从以上计算结果可以看出，为了使带轮宽度较小，从而减小床头箱输入轴和电动机轴上的弯矩，选 SPA 型带要比选 SPZ 型带更为合用，因为 SPA 型带只需 2 根，而 SPZ 型带需要 3 根（参看表 8-10 中带轮宽度 B 的计算式），故最后确定采用 SPA 型带（压轴力 F_p 计算从略）。

3. 链传动设计

例题：图 D.3 所示为 16A 单排滚子链。传动中心距以节距 p 表示。11 齿的主动链轮 *1* 以 50 r/min 的转速反时针方向旋转，其额定功率为 1.5 kW；17 齿的链轮 *2* 和 21 齿的链轮 *3* 向各自的轴传递相等的转矩。试求链的各段拉力。

1）题意分析

由题意可知，这是根据给定链传动型式及其工况，要求确定链条各段的拉力。

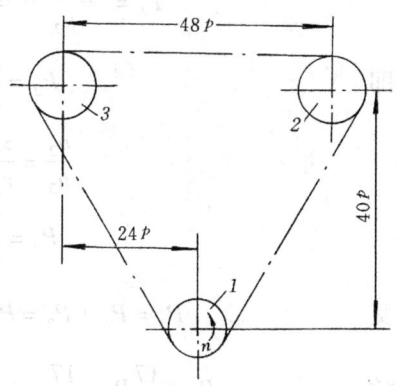

图 D.3　单排滚子链传动

2）解题步骤

① 根据主动链轮的齿数、转速和链条节距计算链速。

② 根据链轮 3 和链轮 2 向各自的轴传递相等转矩的条件，计算链轮 3 向其轴传递的功率。

③ 根据主动链轮的转向分析出链条的紧边段和松边段。松边段拉力为零，紧边段拉力可根据链的速度和主动轮传递的功率求出。

3）解题过程

① 链条节距

由表9-1查得节距 $p = 25.4$ mm。

② 链速

根据式(9-1)有

$$v = \frac{z_1 n_1 p}{60 \times 1\,000} = \frac{11 \times 50 \times 25.4}{60 \times 1\,000} \text{ m/s} = 0.232\,8 \text{ m/s}$$

③ 链轮 3 向其轴传递的功率

因为链轮 2 和链轮 3 向各自的轴传递相等的转矩,即 $T_3 = T_2$,所以

$$T_2 = \frac{9\,550 P_2}{n_2} = \frac{9\,550 P_3}{n_3} = T_3$$

即

$$P_2 = \frac{n_2}{n_3} P_3$$

$$\frac{n_2}{n_3} = \frac{z_3}{z_2} = \frac{21}{17}$$

$$P_2 = \frac{21}{17} P_3$$

又

$$P_1 = P_3 + P_2 = P_3 + \frac{21}{17} P_3 = \frac{38}{17} P_3$$

故

$$P_3 = \frac{17}{38} P_1 = \frac{17}{38} \times 1.5 \text{ kW} = 0.671 \text{ kW}$$

④ 链条各段的拉力

由于链轮 1 为主动,并逆时针方向旋转,故链轮 1 与 3 间的链条段为紧边,链轮 3 和链轮 2 间的链条段也为紧边,而链轮 1 与链轮 2 间的链条段为松边,则链轮 1 与链轮 2 间的链条段的拉力为零,即 $F_{12} = 0$。

链轮 1 与链轮 3 间的链条段的拉力为 F_{13}

$$F_{13} = \frac{P_1}{v} = \frac{1.5}{0.232\,8} \text{ kN} = 6.443 \text{ kN} = 6\,443 \text{ N}$$

链轮 3 与链轮 2 间的链条段的拉力为 F_{32}

$$F_{32} = \frac{P_2}{v} = \frac{1.5 - 0.671}{0.232\,8} \text{ kN} = 3.561 \text{ kN} = 3\,561 \text{ N}$$

如果题中要求校核链的强度时,显然应该根据 F_{13} 进行校核。

4. 齿轮传动设计

例题1:图 D.4 所示的两种直齿圆柱齿轮传动方案中,已知小齿轮分度圆直径 $d_1 = d_3 = d_1' = d_3' = 80$ mm,大齿轮分度圆直径 $d_2 = d_4 = d_2' = d_4' = 2d_1$,输入转矩 $T_1 = T_1' = 165$ N·m,输入轴转速 $n_1 = n_1'$,齿轮寿命 $L_h = L_h'$,并不计齿轮传动和滚动轴承效率的影响,试进行下列计算和问题的回答:

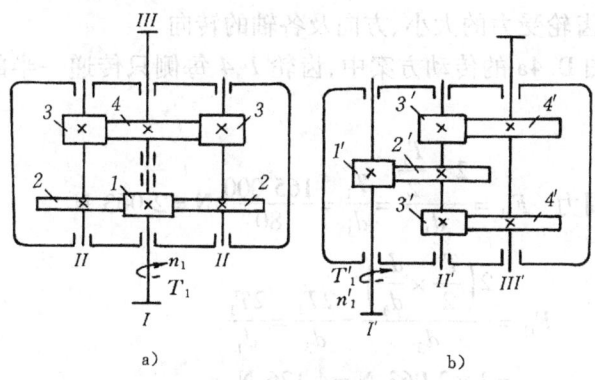

图 D.4 两种齿轮传动方案

① 计算高速级和低速级齿轮啮合点的圆周力和径向力,标出上述力的方向和各轴的转向;

② 计算两种齿轮传动方案的总传动比 i_Σ 和 i_Σ';

③ 哪一种方案中轴承受力较小?

④ 对两种方案中高速级齿轮进行强度计算时应注意什么不同点?对低速级齿轮进行强度计算时又应注意什么不同点?

1)题意分析

由题意可知,本题是对两种不同的齿轮传动方案从轴承受力及齿轮强度等方面进行评价。

2)注意要点

① 在计算齿轮作用力的大小时应注意:在图 a 的传动方案中,齿轮 1、4 每侧只传递一半转矩;在图 b 的传动方案中,一对高

速级齿轮要传递全部转矩,而每对低速级齿轮只传递一半转矩。

② 在对比两方案中轴承受力大小时,不必直接求出各支点上力的大小和方向,只需通过对该轴上齿轮受力的大小和方向进行分析来确定轴承受力的相对大小即可。

③ 在对比两方案中齿轮的强度时,只需从受力大小和应力循环次数方面进行对比即可。

3)解题过程

① 齿轮受力的大小、方向及各轴的转向

在图 D.4a 的传动方案中,齿轮 1、4 每侧只传递一半的转矩,所以

圆周力 $F_{t1} = \dfrac{2 \cdot \dfrac{T_1}{2}}{d_1} = \dfrac{T_1}{d_1} = \dfrac{165\,000}{80}\,\text{N} = 2\,063\,\text{N}$

$$F_{t3} = \dfrac{2\left(\dfrac{T_1}{2} \times \dfrac{d_2}{d_1}\right)}{d_3} = \dfrac{2T_1}{d_3} = \dfrac{2T_1}{d_1}$$
$$= 2 \times 2\,063\,\text{N} = 4\,126\,\text{N}$$

径向力 $F_{r1} = F_{t1}\tan\alpha = 2\,063\,\text{N} \times \tan 20° = 750.8\,\text{N}$

$F_{r3} = F_{t3}\tan\alpha = 4\,126\,\text{N} \times \tan 20° = 1\,502\,\text{N}$

而 $F_{t2} = -F_{t1}、F_{r2} = -F_{r1}、F_{t4} = -F_{t3}、F_{r4} = -F_{r8}$

在图 D.4b 的传动方案中,一对高速级齿轮传递全部转矩,而一对低速级齿轮只传递一半转矩,所以

$$F'_{t1} = \dfrac{2T'_1}{d'_1} = \dfrac{2 \times 165\,000}{80}\,\text{N} = 4\,126\,\text{N}$$

$F'_{r1} = F'_{t1}\tan\alpha = 4\,126\,\text{N} \times \tan 20° = 1\,502\,\text{N}$

$$F'_{t3} = \dfrac{2\left(\dfrac{T'_1}{2} \times \dfrac{d'_2}{d'_1}\right)}{d'_3} = \dfrac{2T'_1}{d'_3} = \dfrac{2T'_1}{d'_1} = \dfrac{2 \times 165\,000}{80}\,\text{N}$$
$$= 4\,126\,\text{N}$$

$$F_{r3}' = F_{t3}'\tan\alpha = 4\ 126\ \text{N} \times \tan 20° = 1\ 502\ \text{N}$$

而 $F_{t2}' = -F_{t1}'$、$F_{r2}' = -F_{r1}'$、$F_{t4}' = -F_{t3}'$、$F_{r4}' = -F_{r3}'$

各力的方向和各轴的转向如图 D.5 所示。

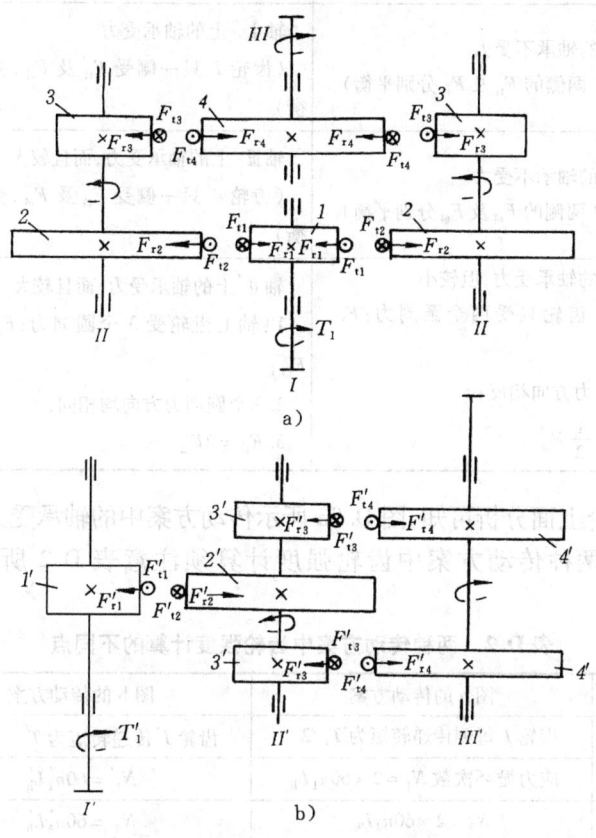

图 D.5 齿轮受力方向和轴的转向

② 总传动比 i_Σ 及 i_Σ'

$$i_\Sigma = \frac{d_2}{d_1} \times \frac{d_4}{d_3} = 2 \times 2 = 4$$

$$i_\Sigma' = \frac{d_2'}{d_1'} \times \frac{d_4'}{d_3'} = 2 \times 2 = 4$$

③ 两种传动方案各轴上轴承受力情况的对比如表 D.1 所列。

表 D.1　两种传动方案对比

图 a 的传动方案	图 b 的传动方案
轴Ⅰ上的轴承不受力 （齿轮 1 两侧的 F_{t1} 及 F_{r1} 分别平衡）	轴Ⅰ′上的轴承受力 （齿轮 $1'$ 只一侧受 F'_{t1} 及 F'_{r1}，受力不平衡）
轴Ⅲ上的轴承不受力 （齿轮 4 两侧的 F_{t4} 及 F_{r4} 分别平衡）	轴Ⅲ′上的轴承受力，而且较大 （齿轮 $4'$ 只一侧受 F'_{t4} 及 F'_{r4}，受力不平衡）
轴Ⅱ上的轴承受力，但较小 1. 轴上齿轮只受两个圆周力：F_{t2}、F_{t3}； 2. 圆周力方向相反； 3. $F_{t2}=\dfrac{1}{2}F'_{t2}$	轴Ⅱ′上的轴承受力，而且较大 1. 轴上齿轮受 3 个圆周力：F'_{t2} 和两个 F'_{t3}； 2. 3 个圆周力方向均相同； 3. $F'_{t2}=2F_{t2}$

综合上面分析可知，图 D.5a 所示传动方案中的轴承受力较小。

④ 两种传动方案中齿轮强度计算须注意表 D.2 所列的不同点。

表 D.2　两种传动方案中齿轮强度计算的不同点

	图 a 的传动方案	图 b 的传动方案
高速级	齿轮 1 每侧传递转矩为 $T_1/2$	齿轮 $1'$ 传递转矩为 T'
	应力循环次数 $N_1=2\times 60n_1L_h$	$N'_1=60n'_1L'_h$
低速级	$N_4=2\times 60n_4L_h$	$N'_4=60n'_4L'_h$

例题 2：有一旧的闭式两级展开式直齿圆柱齿轮传动装置，总减速比为 16，箱体、轴承和高速级齿轮均完好可用，但低速级齿轮已遗失，量得高速级和低速级传动的中心距分别为 $a_I=198$ mm，$a_1=315$ mm，高速级齿轮的齿宽 $b_I=80$ mm，小齿轮材料为 45 钢调质，硬度为 240 HBS；大齿轮为 45 钢正火，硬度为 200 HBS，

两轮的齿数 $z_1 = 29$,$z_2 = 103$,模数 $m = 3$ mm,精度等级约为 8 级。试设计配制低速级齿轮。根据箱体尺寸,应使该齿轮的齿宽 $b_{\text{II}} \leqslant 125$ mm。该传动由电动机 Y180M–4 驱动,工作情况为中等冲击,按无限寿命设计。

1) 题意分析

由题意可知,闭式两级展开式直齿圆柱齿轮传动装置的高速级齿轮的几何参数及材料均已知,而低速级齿轮传动仅给定传动比和中心距以及齿宽的限制条件,要求设计低速级齿轮传动。显然,必须首先计算高速级齿轮传动能传递的最大输入转矩,然后才能设计低速级齿轮传动。

2) 解题步骤

可按图 D.6 所示的解题流程框图进行。

3) 解题过程

① 按直齿圆柱齿轮齿面接触强度计算公式估算输入转矩 T_1。

由手册查得 Y180M–4 电动机的满载转速 $n_1 = 1\ 470$ r/min,所以

$$v_1 = \frac{\pi d_1 n_1}{60 \times 1\ 000} = \frac{\pi z_1 m n_1}{60 \times 1\ 000}$$

$$= \frac{\pi \times 29 \times 3 \times 1\ 470}{60 \times 1\ 000} \text{ m/s}$$

$$= 6.696 \text{ m/s}$$

高速级齿轮传动的齿数比

$$u_1 = \frac{z_2}{z_1} = \frac{103}{29} = 3.55$$

高速级齿轮的齿宽系数

$$\phi_d = \frac{b_I}{d_1} = \frac{b_I}{z_1 m} = \frac{80}{29 \times 3} = 0.92$$

从教材图 10–21d 中查取 $\sigma_{\text{Hlim1}} = 580$ MPa,从教材图 10–21c 中查取 $\sigma_{\text{Hlim2}} = 380$ MPa;按无限寿命设计计算,因此 $K_{\text{HN1}} = K_{\text{HN2}} = 1$;

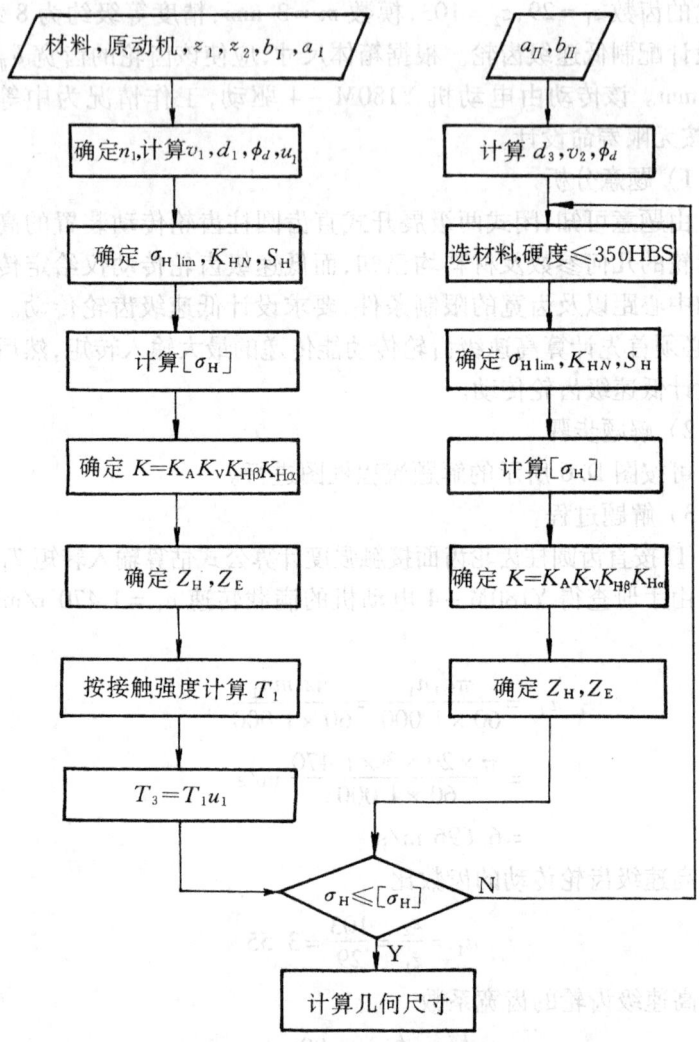

图 D.6 解题流程框图

安全系数 $S_H = 1$,故两齿轮的许用接触应力分别为 $[\sigma_H]_1 = 580$ MPa,$[\sigma_H]_2 = 400$ MPa,取二者中的较小者作计算依据。

从表 10-2 中按原动机为电动机,载荷为中等冲击,查得 $K_A =$

1.5;对于软齿面直齿圆柱齿轮传动,精度为 8 级,从表 10-3 查得 $K_{H\alpha}=1.1$;因 $v=6.696$ m/s,精度为 8 级,从教材图 10-8 中查得 $K_v=1.24$;根据 $\phi_d=0.92$,齿轮非对称布置,从表 10-4 按齿轮在装配时调整或对研跑合查得 $K_{H\beta}$

$$K_{H\beta}=1.15+0.18(1+0.6\phi_d^2)\phi_d^2+0.31\times10^{-3}b$$

代入相应的数据后得

$K_{H\beta}=1.15+0.18(1+0.6\times0.92^2)0.92^2+0.31\times10^{-3}\times80=1.4$
故载荷系数 K 为

$$K=K_AK_vK_{H\beta}K_{H\alpha}=1.5\times1.24\times1.4\times1.1=2.86$$

对于标准直齿圆柱齿轮 $Z_H=2.5$;因为大小齿轮均为锻钢,从表 10-6 中查得 $Z_E=189.8$ MPa$^{1/2}$。

由上可得高速级齿轮传动的转矩为

$$T_1=\left(\frac{[\sigma_H]mz_1}{Z_HZ_E}\right)^2\frac{b}{2K}\cdot\frac{u_1}{u_1+1}$$

$$=\left(\frac{380\times3\times29}{2.5\times189.8}\right)^2\times\frac{80}{2\times2.86}\times\frac{3.55}{3.55+1}\text{ N}\cdot\text{mm}$$

$$=52\,971.7\text{ N}\cdot\text{mm}$$

② 按已知数据设计低速级齿轮传动

低速级传递的转矩 T_3

$T_3=T_1u_1=52\,971.7\times3.55$ N·mm $=188\,049.5$ N·mm
低速级的齿数比 $u_2=16/u_1=16/3.55=4.5$
低速级小齿轮分度圆直径 d_3

$$a_{II}=\frac{d_3+u_2d_3}{2}=315\text{ mm}$$

$$d_3=\frac{2a_{II}}{1+u_2}=\frac{2\times315}{1+4.5}\text{ mm}=114.545\text{ mm}$$

$$\phi_d=\frac{b_{II}}{d_3}=\frac{125}{114.545}=1.09$$

假设低速级小齿轮采用 45 钢淬火,齿面硬度为 55 HRC,大齿轮用 45 钢淬火,齿面硬度为 50 HRC。从教材图 10-21e 中查取 $\sigma_{Hlim3} = 1\,200\text{MPa}$, $\sigma_{Hlim4} = 1\,100\text{MPa}$;按无限寿命设计计算,因此 $K_{HN3} = K_{HN4} = 1$,安全系数 $S_H = 1$,故两齿轮的许用接触应力分别为 $[\sigma_H]_3 = 1\,200\text{MPa}$, $[\sigma_H]_4 = 1\,100\text{MPa}$。同理,$K_A = 1.5$,$K_{H\alpha} = 1.1$;设 $z_3 = 33$,$v = \dfrac{\pi d_3 n_3}{60 \times 1\,000} = \dfrac{\pi \times 114.545 \times 1\,470}{60 \times 1\,000 \times 3.55} = 2.483\,5\text{ m/s}$,从教材图 10-8 中查得 $K_v = 1.105$;因取精度等级为 6 级,齿轮为非对称布置,从表 10-4 按估计 $K_{H\beta} > 1.34$,查得 $K_{H\beta} = 1.0 + 0.3(1 + 0.6\phi_d^2)\phi_d^2 + 0.19 \times 10^{-3} b$,仿前代入相应的数据后得 $K_{H\beta} = 1.65$,故

$$K = K_A K_v K_{H\beta} K_{H\alpha} = 1.5 \times 1.105 \times 1.65 \times 1.1 = 2.86$$

$$\sigma_H = \sqrt{\dfrac{2KT_3}{b_{II} d_3^2} \cdot \dfrac{u_2 + 1}{u_2}} Z_H Z_E$$

$$= \sqrt{\dfrac{2 \times 2.86 \times 188\,049.5}{114.545^2 \times 125} \times \dfrac{4.5 + 1}{4.5}} \times 2.5 \times 189.8\text{ MPa}$$

$$= 424.83\text{ MPa} < [\sigma_H] = 1\,100\text{ MPa}$$

故强度足够。

$$z_4 = z_3 u_2 = 33 \times 4.5 = 148.5,\text{取 } z_4 = 147$$

$$m = d_3/z_3 = 114.545/33 = 3.47\text{ mm},\text{取 } m = 3.5\text{ mm}$$

低速级齿轮几何尺寸:

$$d_3 = mz_3 = 3.5 \times 33\text{ mm} = 115.5\text{ mm}$$

$$d_4 = mz_4 = 3.5 \times 147\text{ mm} = 514.5\text{ mm}$$

$$d_{a3} = d_3 + 2m = (115.5 + 2 \times 3.5)\text{ mm} = 122.5\text{ mm}$$

$$d_{a4} = d_4 + 2m = (514.5 + 2 \times 3.5)\text{ mm} = 521.5\text{ mm}$$

$$d_{f3} = d_3 - 2.5m = (115.5 - 2.5 \times 3.5)\text{ mm} = 106.75\text{ mm}$$

$$d_{f4} = d_4 - 2.5m = (514.5 - 2.5 \times 3.5)\text{ mm} = 505.75\text{ mm}$$

$$a_{II} = \dfrac{1}{2}(d_3 + d_4) = \dfrac{1}{2} \times (115.5 + 514.5)\text{ mm} = 315\text{ mm}$$

齿轮结构设计及工作图绘制此处从略。

5. 蜗杆传动设计

例题:某一设备中的非变位普通圆柱蜗杆传动,蜗杆由电动机驱动,$n_1 = 1\ 440$ r/min,传动比 $i = 21$。由于结构限制,应使蜗杆传动的中心距 $a \leqslant 200$ mm。蜗杆用 45 钢淬火,齿面硬度不小于 45 HRC,蜗轮采用 ZCuAl10Fe3 砂模铸造,滚刀加工,$z_2 < 80$。折合一班制工作,使用寿命 7 年(每年 300 天),单向转动,工作稳定。试按能传递最大功率或按具有最大啮合效率的要求设计其主要参数。

1)题意分析

题目给定蜗杆传动的传动比及中心距与蜗轮齿数的限制条件,要求设计该传动的主要参数。而满足给定几何条件可有不同的参数方案,因此可选配几个不同参数方案来对比其传递功率及具有的效率,最后选其优者作为最后的参数。

2)解题步骤

① 根据给定的 i、a 及 z_2 等限制条件对主要参数 z_1、z_2、m 及 d_1 配置两种以上方案。

② 根据所配置的不同参数方案,分别按蜗轮齿面接触疲劳强度和齿根弯曲疲劳强度计算其所能传递的功率和传动效率。

③ 对不同方案的计算结果进行对比,并选择其较优者。

3)解题过程

① 根据 $i = 21$,$a \leqslant 200$ mm,$z_2 < 80$ 等限制条件配置该蜗杆传动的参数方案

由 $a = \dfrac{1}{2}(mz_2 + d_1)$,其主要参数 z_1、z_2、m 及 d_1 可配置成表 D.3 所示的两个方案:

② 由方案 1 及方案 2 对比计算其所能传递的功率(表 D.4)

根据上述计算可知,方案 2 比方案 1 所能传递的功率为大,啮合效率也高。因此应按方案 2 确定蜗杆传动的主要参数:$z_1 = 4$,$z_2 = 84$(齿数略多,尚可应用),$m = 4$ mm,$d_1 = 40$,能传递的最大功率 $P_2 = 4$ kW。

表 D.3 两种方案

方 案 1	方 案 2
$z_1 = 2$	$z_1 = 4$
$z_2 = z_1 i = 2 \times 21 = 42$	$z_2 = z_1 i = 4 \times 21 = 84$
$m = 6.3$ mm	$m = 4$ mm
$d_1 = 63$ mm	$d_1 = 40$ mm
$a = \dfrac{1}{2}(6.3 \times 42 + 63)$ mm $= 163.8$ mm	$a = \dfrac{1}{2}(4 \times 84 + 40)$ mm $= 188$ mm

表 D.4 两种方案对比

项 目	方 案 1	方 案 2
蜗杆导程角 γ （查表 11-2）	$= 11°18'36''$	$= 21°48'05''$
齿面间相对滑动速度 $v_s = \dfrac{\pi d_1 n_1}{60 \times 1000 \cos \gamma}$	$= \dfrac{\pi \times 6.3 \times 10 \times 1440}{60 \times 1000 \cos 11°18'36''}$ m/s $= 4.847$ m/s	$= \dfrac{\pi \times 4 \times 10 \times 1440}{60 \times 1000 \cos 21°48'05''}$ m/s $= 3.248$ m/s
蜗杆直径与中心距之比 d_1/a	$= 63/163.8 = 0.38$	$= 40/188 = 0.21$
接触系数 Z_ρ （查教材图 11-18）	2.8	3.6
弹性影响系数 Z_E	160 MPa$^{1/2}$	160 MPa$^{1/2}$
蜗轮齿应力循环次数 $N = 300 \times 7 \times 8 \times 60 \times \dfrac{n_1}{i}$	$= 300 \times 7 \times 8 \times 60 \times \dfrac{1440}{21}$ $= 6.9 \times 10^7$	$= 300 \times 7 \times 8 \times 60 \times \dfrac{1440}{21}$ $= 6.9 \times 10^7$
接触寿命系数 K_{HN}	$= 1$	$= 1$
弯曲寿命系数 $K_{FN} = \sqrt[9]{\dfrac{10^6}{N}}$	$= \sqrt[9]{\dfrac{10^6}{6.9 \times 10^7}} = 0.6247$	$= \sqrt[9]{\dfrac{10^6}{6.9 \times 10^7}} = 0.6247$
许用接触应力 $[\sigma_H]$ （按 v_s 查教材表 11-6）	153 MPa	175 MPa

表 D.4(续)

项　目	方　案　1	方　案　2
基本许用弯曲应力 $[\sigma_F]'$ （查教材表 11-8）	80 MPa	80 MPa
许用弯曲应力 $[\sigma_F] = [\sigma_F]' K_{FN}$	$= 80 \times 0.6247$ MPa $= 49.976$ MPa	$= 80 \times 0.6247$ MPa $= 49.976$ MPa
蜗轮当量齿数 $z_{v2} = \dfrac{z_2}{\cos^3 \gamma}$	$= \dfrac{42}{\cos^3 11°18'36''} = 44.55$	$= \dfrac{84}{\cos^3 21°48'05''} = 104.946$
蜗轮齿形系数 Y_{Fa2} （按 z_v 查教材图 11-19）	2.4	2.2
螺旋角系数 $Y_\beta = 1 - \dfrac{\gamma}{120°}$	$= 1 - \dfrac{11.31°}{120°} = 0.90575$	$= 1 - \dfrac{21.8°}{120°} = 0.81828$
蜗轮圆周速度 $v_2 = \dfrac{\pi m z_2 n_1}{60 \times 1000 i}$	$= \dfrac{\pi \times 6.3 \times 42 \times 1440}{60 \times 1000 \times 21}$ m/s $= 0.95$ m/s	$= \dfrac{\pi \times 4 \times 84 \times 1440}{60 \times 1000 \times 21}$ m/s $= 1.2$ m/s
载荷系数 $K = K_A K_v K_\beta$	$= 1 \times 1.05 \times 1 = 1.05$	$= 1 \times 1.05 \times 1 = 1.05$
按接触强度能传递的转矩 $T_2 = \dfrac{a^3}{K}\left(\dfrac{[\sigma_H]}{Z_E Z_\rho}\right)^2$	$= \dfrac{163.8^3}{1.05}$ $\times \left(\dfrac{153}{160 \times 2.8}\right)^2$ N·mm $= 488\ 179$ N·mm	$= \dfrac{188^3}{1.05}$ $\times \left(\dfrac{175}{160 \times 3.6}\right)^2$ N·mm $= 584\ 138$ N·mm
按弯曲强度能传递的转矩 $T_2 = \dfrac{m^2 d_1 z_2 \cos\gamma [\sigma_F]}{1.53 K Y_{Fa2} Y_\beta}$	$= \dfrac{6.3^2 \times 63 \times 42 \cos 11.31°}{1.53 \times 1.05 \times 2.4}$ $\times \dfrac{49.976}{0.90575}$ N·mm $= 1\ 473\ 721.3$ N·mm	$= \dfrac{4^2 \times 40 \times 84 \times \cos 21.8°}{1.53 \times 1.05 \times 2.2}$ $\times \dfrac{49.976}{0.81828}$ N·mm $= 862\ 562.7$ N·mm
能传递的功率 $P_2 = \dfrac{T_2 n_2}{9\ 550\ 000}$	$= \dfrac{488\ 179 \times 1400}{955 \times 10^4 \times 21}$ kW $= 3.4$ kW	$= \dfrac{584\ 138 \times 1400}{955 \times 10^4 \times 21}$ kW $= 4.078$ kW

表 D.4(完)

项 目	方 案 1	方 案 2
齿面间当量摩擦角 φ_v (查教材表 11 –18)	$2°$	$2°17'$
啮合效率 $\eta_1 = \dfrac{\tan\gamma}{\tan(\gamma+\varphi_v)}$	$=\dfrac{\tan 11°18'36''}{\tan(11°18'36''+2°)}$ $=0.8454$	$=\dfrac{\tan 21°48'05''}{\tan(21°48'05''+2°17')}$ $=0.8948$

6. 滑动轴承设计

例题:设计一电动机的液体动力润滑径向滑动轴承,已知轴承载荷 $F=35$ kN,轴颈直径 $d=100$ mm,电动机转速 $n=1\,000$ r/min,轴承工作时的包角 α 按 $180°$ 考虑。试确定:

a) 轴瓦材料;
b) 润滑油的牌号;
c) 润滑油的流量;
d) 最小油膜厚度;
e) 轴与孔的公差配合及表面粗糙度。

1) 题意分析

由题意可知,这是根据给定轴径、载荷、转速及有关条件,要求设计合用的液体动力润滑径向滑动轴承。设计内容包括确定轴瓦材料、润滑油牌号及流量、最小油膜厚度、轴与孔的公差配合及表面粗糙度等。

2) 解题步骤

按图 12.1 液体动力润滑径向滑动轴承设计流程图进行。

3) 解题过程

① 选择轴瓦材料

电动机主轴承的宽径比 $B/d=0.6\sim1.5$,取其等于 1,则 $B=d=100$ mm。

按教材表 12 – 2,选 ZSnSb11Cu6 作为轴承材料,其 $[p]=$

25 MPa, $[v] = 80$ m/s, $[pv] = 20$ MPa·m/s。由于

$$p = \frac{F}{dB} = \frac{35\ 000}{100 \times 100} \text{ MPa} = 3.5 \text{ MPa} < [p]$$

$$v = \frac{\pi dn}{60 \times 1\ 000} = \frac{\pi \times 100 \times 1\ 000}{60 \times 1\ 000} \text{ m/s} = 5.23 \text{ m/s} < [v]$$

$$pv = 5.23 \times 3.5 \text{ MPa·m/s} = 18.31 \text{ MPa·m/s} < [pv]$$

故所选轴瓦材料满足工作要求。

② 初选润滑油

初选 L-AN46 号全损耗系统用油,并假定 $t_m = 50℃$,查教材图 4-9,取其运动粘度 $\nu_{50} = 28$ cSt,取 $\rho_{50} = 0.9$ g/cm³ $= 900$ kg/m³,则

$$\eta_{50} = \rho_{50}\nu_{50} = 0.9 \times 28 \text{ cP} = 25.2 \text{ cP} = 0.025\ 2 \text{ Pa·s}$$

③ 计算最小油膜厚度

由式(12-31)知,相对间隙

$$\psi = \frac{(n/60)^{4/9}}{10^{31/9}} = \frac{(1\ 000/60)^{4/9}}{10^{31/9}} = 0.001\ 25$$

取 $\psi = 0.001$,则直径间隙

$$\Delta = \psi d = 0.001 \times 100 \text{ mm} = 0.1 \text{ mm}$$

承载量系数

$$C_p = \frac{F\psi^2}{2\eta v B} = \frac{35\ 000 \times 0.001^2}{2 \times 0.025\ 2 \times 5.23 \times 0.1} = 1.328$$

根据 C_p 和 B/d 之值查表 12-7 知 $\chi = 0.613\ 6$。所以

$$h_{\min} = r\psi(1-\chi) = 50 \times 0.001 \times (1 - 0.613\ 6) \text{ mm}$$
$$= 0.019\ 32 \text{ mm} = 19.32 \text{ μm}$$

④ 计算许用油膜厚度

设轴颈经淬火后精磨,表面粗糙度为 0.8,轴瓦孔径精镗,表面粗糙度为 1.6,由教材表 7-6 知 $R_{z1} = 3.2$ μm, $R_{z2} = 6.3$ μm。

取安全系数 $S = 2$,由式(12-26)知

$$[h] = S(R_{z1} + R_{z2}) = 2 \times (3.2 + 6.3) \text{ μm} = 19 \text{ μm}$$

故 $$h_{\min} > [h]$$
满足轴承工作的可靠性要求。

⑤ 验算润滑油的入口温度

求 f,因 $\omega = \dfrac{2\pi n}{60} = \dfrac{2\pi \times 1\,000}{60}$ rad/s $= 104.67$ rad/s,且 $\xi = 1$,故

$$f = \dfrac{\pi\eta\omega}{p\psi} + 0.55\psi\xi = \dfrac{\pi \times 0.025\,2 \times 104.67}{3.5 \times 10^6 \times 0.001} + 0.55 \times 0.001 \times 1 = 0.002\,9$$

根据 $\chi = 0.613\,6$ 和 $B/d = 1$,由教材图 12-16 查得 $\dfrac{q}{\psi vBd} = 0.136$,并取 $c = 1\,800$ J/(kg·℃),$\rho = 900$ kg/m³,$\alpha_s = 80$ W/(m²·℃),于是得

$$\Delta t = \dfrac{\left(\dfrac{f}{\psi}\right)p}{c\rho\left(\dfrac{q}{\psi vBd}\right) + \dfrac{\pi\alpha_s}{\psi v}}$$

$$= \dfrac{\dfrac{0.002\,9}{0.001} \times 3.5 \times 10^6}{1\,800 \times 900 \times 0.136 + \dfrac{\pi \times 80}{0.001 \times 5.23}}\text{℃}$$

$$= 37.8\ \text{℃}$$

润滑油入口温度为

$$t_i = t_m - \dfrac{\Delta t}{2} = 50\ \text{℃} - \dfrac{37.8}{2}\ \text{℃} = 31.1\ \text{℃} < 35 \sim 40\ \text{℃}$$

可见轴承不易达到热平衡状态。解决的途径有:

a) 选用粘度较低的润滑油润滑

选用 L-AN32 号全损耗系统用油,取其运动粘度

$$\nu_{50} = 20\text{ cSt}$$

则 $\eta_{50} = 0.018$ Pa·s

$$C_p = 1.859$$

$$\chi = 0.691\,3$$

$$h_{\min} = 15.435 \ \mu m < [h] = 19 \ \mu m$$

故不满足轴承工作可靠性要求。

b) 取较大的直径间隙,降低轴承及轴颈表面粗糙度(即提高加工精度)

取 $\Delta = 0.15$ mm,轴颈表面粗糙度为 $\overset{0.4}{\triangledown}$,轴瓦表面粗糙度为 $\overset{0.8}{\triangledown}$,则

$$\psi = \frac{\Delta}{d} = \frac{0.15}{100} = 0.0015$$

$$C_p = \frac{F\psi^2}{2\eta vB} = \frac{3500 \times 0.0015^2}{2 \times 0.0252 \times 5.23 \times 0.1} = 2.9876$$

$$\chi = 0.7787$$

$$h_{\min} = \frac{d}{2}\psi(1-\chi) = \frac{100}{2} \times 0.0015 \times (1 - 0.7787) \ \mu m = 16.6 \ \mu m$$

$$R_{z1} = 1.6 \ \mu m, \quad R_{z2} = 3.2 \ \mu m$$

$$[h] = 2(R_{z1} + R_{z2}) = 2 \times (1.6 + 3.2) \ \mu m = 9.6 \ \mu m$$

$$h_{\min} > [h]$$

$$\frac{q}{\psi vBd} = 0.14$$

$$f = \frac{\pi}{\psi} \cdot \frac{\eta\omega}{p} + 0.55\psi\xi = \frac{\pi \times 0.0252 \times 104.67}{0.0015 \times 3.5 \times 10^6} +$$

$$0.55 \times 0.0015 \times 1 = 0.0024$$

$$\Delta t = \frac{\left(\frac{f}{\psi}\right)p}{c\rho\left(\frac{q}{\psi vBd}\right) + \frac{\pi\alpha_s}{\psi v}}$$

$$= \frac{\frac{0.0024}{0.0015} \times 3.5 \times 10^6}{1800 \times 900 \times 0.14 + \frac{\pi \times 80}{0.0015 \times 5.23}} ℃ = 21.6 ℃$$

$$t_i = t_m - \frac{\Delta t}{2} = \left(50 - \frac{21.6}{2}\right) ℃ = 39.2 ℃(接近大于 35 \sim 40 ℃,$$

合适)

比较两种计算结果可知，显然后者的润滑油的入口温度比较理想，故决定采用后者解决。

⑥ 计算润滑油的流量

因 $\dfrac{q}{\psi v B d} = 0.14$，所以润滑油的流量

$$q = 0.14\psi v B d = 0.14 \times 0.0015 \times 5.23 \times 0.1 \times 0.1 \text{ m}^3/\text{s}$$
$$= 1.1 \times 10^{-5} \text{ m}^3/\text{s}$$

⑦ 选择轴与孔的配合

按 GB 1801—79 选择。因 $\Delta = 0.15$ mm，

a) 选择配合为 $\dfrac{\text{H8}}{\text{e7}}$，则孔的公差为 $\phi 100^{+0.054}_{\ 0}$，轴的公差为 $\phi 100^{-0.072}_{-0.107}$，所以

最大间隙 $\Delta_{\max} = 0.054 \text{ mm} - (-0.107) \text{ mm} = 0.161 \text{ mm}$

最小间隙 $\Delta_{\min} = 0 \text{ mm} - (-0.072) \text{ mm} = 0.072 \text{ mm}$

Δ 值界于 $\Delta_{\max}$ 和 $\Delta_{\min}$ 之间。

验算 $\Delta_{\max}$：

当 $\Delta_{\max} = 0.161$ mm 时，

$$\psi_{\max} = \frac{\Delta_{\max}}{d} = \frac{0.161}{100} = 0.00161$$

$$C_{p\max} = \frac{F\psi_{\max}^2}{2\eta v B} = \frac{35\,000 \times 0.00161^2}{2 \times 0.0252 \times 5.23 \times 0.1} = 3.442$$

根据 $C_{p\max}$ 和 B/d 值查教材表 12-7 知 $\chi_1 = 0.8$。于是

$$h_{\min 1} = \frac{d}{2}\psi_{\max}(1 - \chi_1)$$
$$= \frac{100}{2} \times 0.00161 \times (1 - 0.8) \text{ mm}$$
$$= 0.0161 \text{ mm}$$
$$= 16.1 \text{ μm} > [h] = 9.6 \text{ μm}$$

又因

$$f_1 = \frac{\pi\eta\omega}{\psi_{max}p} + 0.55\psi_{max}\xi = \frac{\pi \times 0.025\ 2 \times 104.67}{0.001\ 61 + 3.5 \times 10^6} +$$
$$0.55 \times 0.001\ 61 \times 1 = 0.002\ 36$$

根据χ_1和B/d值查教材图 12-16 得$\dfrac{q}{\psi_{max}vBd} = 0.142$。因而

$$\Delta t_1 = \frac{\left(\dfrac{f_1}{\psi_{max}}\right) \cdot p}{c\rho \dfrac{q}{\psi_{max}vBd} + \dfrac{\pi\alpha_s}{\psi_{max}v}}$$

$$= \frac{\dfrac{0.002\ 36}{0.001\ 61} \times 3.5 \times 10^6}{1\ 800 \times 900 \times 0.142 + \dfrac{\pi \times 80}{0.001\ 61 \times 5.23}}\ ℃$$

$$= 19.7\ ℃$$

$$t_{i1} = t_m - \frac{\Delta t_1}{2} = \left(50 - \frac{19.7}{2}\right)\ ℃ = 40.15\ ℃ \approx 40\ ℃(合适)$$

验算Δ_{min}:

当$\Delta_{min} = 0.072$时,

$$\psi_{min} = 0.000\ 72,$$

$$C_{pmin} = \frac{F\psi_{min}^2}{2\eta vB} = 0.688$$

查表 12-7 知$\chi_2 = 0.437\ 5$, 故

$$h_{min2} = \frac{d}{2}\psi_{min}(1 - \chi_2) = 20.25\ \mu m > [h] = 9.6\ \mu m$$

$$f_2 = \frac{\pi\eta\omega}{\psi_{min}p} + 0.55\psi_{min}\xi = 0.003\ 68$$

查教材图 12-16 得$\dfrac{q}{\psi_{min}vBd} = 0.112$

$$\Delta t_2 = \frac{\dfrac{f_2}{\psi_{min}} \cdot p}{c\rho \dfrac{q}{\psi_{min}vBd} + \dfrac{\pi\alpha_s}{\psi_{min}v}} = 72.1\ ℃$$

$$t_{i2} = t_m - \frac{\Delta t_2}{2} = 14\ ℃ < 35 \sim 40\ ℃（不合适）$$

由以上的验算可以看出，所选的 $\dfrac{H8}{e7}$ 配合是不合用的。

b) 另选配合为 $\dfrac{H7}{d7}$，则孔的公差为 $\phi 100\ ^{+0.035}_{\ \ \ \ 0}$，轴的公差为 $\phi 100\ ^{-0.120}_{-0.155}$，所以

最大间隙 $\Delta_{max} = 0.035\ \text{mm} - (-0.155)\ \text{mm} = 0.190\ \text{mm}$

最小间隙 $\Delta_{min} = 0\ \text{mm} - (-0.120)\ \text{mm} = 0.120\ \text{mm}$

Δ 界于 Δ_{max} 和 Δ_{min} 之间。

验算 Δ_{max}：

当 $\Delta_{max} = 0.190\text{mm}$ 时

$$\psi_{max} = 0.0019$$
$$C_{pmax} = 4.713$$
$$\chi_1 = 0.85$$
$$h_{min1} = 14.25\ \mu\text{m} > [h] = 9.6\ \mu\text{m}$$
$$f_1 = 0.0023$$
$$\frac{q}{\psi_{max} vBd} = 0.134$$
$$\Delta t_1 = 16.2\ ℃$$

$t_{i1} = 41.9\ ℃$（接近 $40\ ℃$，热平衡条件可满足）

验算 Δ_{min}：

当 $\Delta_{min} = 0.120\ \text{mm}$ 时，

$$\psi_{min} = 0.0012$$
$$C_{pmin} = 1.912$$
$$\chi_2 = 0.7$$
$$h_{min2} = 18\ \mu\text{m} > [h] = 9.6\ \mu\text{m}$$
$$f_2 = 0.00263$$
$$\frac{q}{\psi_{min} vBd} = 0.145$$

$$\Delta t_2 = 27.9\ ℃$$

$t_{i2} = 35.65\ ℃ > 35\ ℃$（热平衡条件满足）

验算结果表明，选取 $\dfrac{H7}{d7}$ 配合是合适的。

7. 滚动轴承选择

例题：某一轴的支承简图如图 D.7 所示，设对轴承的直径无特殊限制，已知 $F_{r1} = 7\ 500\ \text{N}, F_{r2} = 15\ 000\ \text{N}, F_a = 3\ 000\ \text{N}, n = 1\ 470\ \text{r/min}$，预期计算寿命 $L_h' = 8\ 000\ \text{h}$，试选择此轴承型号。

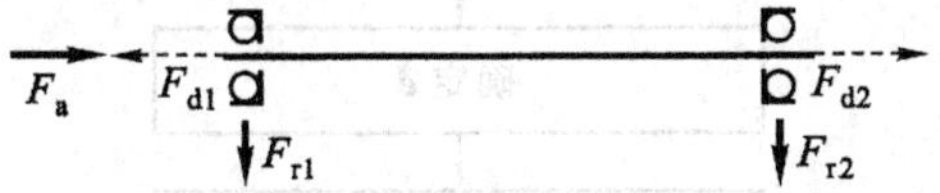

图 D.7　轴的支承示意图

1）题意分析

由题意可知，轴既承受轴向载荷，又承受径向载荷，在轴的两端反装两个向心推力轴承，这是要求在给定工况和寿命限制条件下，选出合用的轴承型号。

2）解题步骤

对于向心推力滚动轴承可按图 D.8 所示的流程框图进行选择。

3）解题过程

① 轴承类型的确定

由于向心推力轴承有角接触球轴承（70000C 型、70000AC 型及 70000B 型）和圆锥滚子轴承（30000 型和 30000B 型），现选用 70000C 型或 30000 型轴承。

② 选用 70000C 型轴承

由表 13-7 知，派生轴向力 $F_d = eF_r$，其中判断系数 e 按表 13-5 由 $\dfrac{F_a}{C_0}$ 的大小确定。由于 C_0 未知，故先初取 $e = 0.47$，则

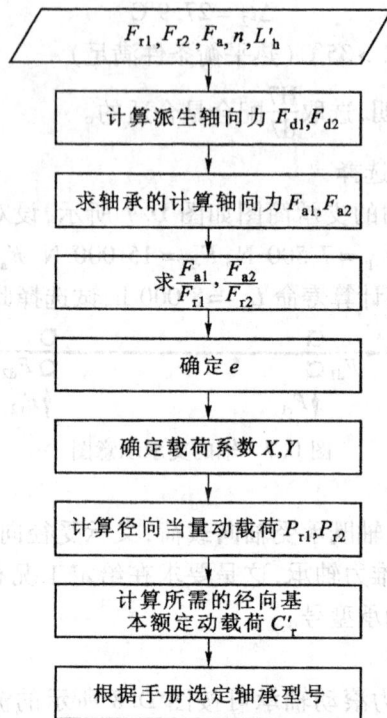

图 D.8 向心推力滚动轴承选择流程框图

$$F_{d1} = 0.47 F_{r1} = 0.47 \times 7\ 500\ \text{N} = 3\ 525\ \text{N}$$

$$F_{d2} = 0.47 F_{r2} = 0.47 \times 15\ 000\ \text{N} = 7\ 050\ \text{N}$$

轴承受轴向载荷 F_a:

$$F_{a1} = \begin{cases} F_{d1} = F_{d2} + F_a = 7\ 050\ \text{N} + 3\ 000\ \text{N} = 10\ 050\ \text{N} \\ F_{d1} = 3\ 525\ \text{N} \end{cases}$$

取 $F_{a1} = 10\ 050\ \text{N}$。

$$F_{a2} = \begin{cases} F_{d2} = 7\ 050\ \text{N} \\ F_{d1} - F_a = 3\ 525\ \text{N} - 3\ 000\ \text{N} = 525\ \text{N} \end{cases}$$

取 $F_{a2} = 7\ 050\ \text{N}$。

求径向当量载荷 P_{r1}, P_{r2}:

因未给工作条件,故取 $f_P = 1$。计算

$$\frac{F_{a1}}{F_{r1}} = \frac{10\ 050}{7\ 500} = 1.34 > e$$

$$\frac{F_{a2}}{F_{r2}} = \frac{7\ 050}{15\ 000} = 0.47 = e$$

查表 13 - 5,对轴承 1,$X_1 = 0.44$,暂定 $Y_1 = 1.23$;对轴承 2,$X_2 = 1$,$Y_2 = 0$,于是

$P_{r1} = f_P(X_1 F_{r1} + Y_1 F_{a1}) = 0.44 \times 7\ 500\ \text{N} + 1.23 \times 10\ 050\ \text{N}$
$= 15\ 661.5\ \text{N}$

$P_{r2} = f_P(X_2 F_{r2} + Y_2 F_{a2}) = 1 \times 15\ 000\ \text{N} = 15\ 000\ \text{N}$

因 $P_{r1} > P_{r2}$,取 $P_r = P_{r1} = 15\ 661.5\ \text{N}$ 计算轴承所需的径向基本额定动载荷

$$C_r' = P_r \cdot \sqrt[\varepsilon]{\frac{60 n L_h'}{10^6}} = 15\ 661.5 \times \sqrt[3]{\frac{60 \times 1\ 470 \times 8\ 000}{10^6}}\ \text{N}$$
$= 139\ 429\ \text{N}$

根据手册或轴承样本选 7220C 型轴承,$C_r = 148\ 000\ \text{N}$,$C_{0r} = 128\ 000\ \text{N}$,$d = 100\ \text{mm}$,$D = 180\ \text{mm}$,$B = 34\ \text{mm}$。

校核:已知 $C_{0r} = 128\ 000\ \text{N}$,则

$$\frac{F_{a1}}{C_{0r}} = \frac{10\ 050}{128\ 000} = 0.078\ 5$$

$$\frac{F_{a2}}{C_{0r}} = \frac{7\ 050}{128\ 000} = 0.055\ 1$$

查表 13 - 5,用内插法求得:

$$e_1 = 0.45 < \frac{F_{a1}}{F_{r1}} = \frac{10\ 050}{7\ 500} = 1.34$$

$$e_2 = 0.43 < \frac{F_{a2}}{F_{r2}} = \frac{7\ 050}{15\ 000} = 0.47$$

所以另选 $X_1 = 0.44$,$Y_1 = 1.25$,$X_2 = 0.44$,$Y_2 = 1.31$。

$P_{r1} = 0.44 \times 7\ 500\ \text{N} + 1.25 \times 10\ 050\ \text{N} = 15\ 862.5\ \text{N}$

$$P_{r2} = 0.44 \times 15\ 000\ \text{N} + 1.31 \times 7\ 050\ \text{N} = 15\ 835.5\ \text{N}$$

轴承应具有的径向基本额定动载荷

$$C_r' = 15\ 862.5 \times \sqrt[3]{\frac{60 \times 1\ 470 \times 8\ 000}{10^6}}\ \text{N} = 141\ 218.3\ \text{N} < C_r$$

故选 7220C 轴承是合适的。

③ 选用 30000 型轴承

由表 13 - 5,设 $\frac{F_a}{F_r} > e$,故 $X = 0.4$,Y 和 e 值需在已知轴承型号后才能求出,暂选中宽系列轴承,并暂选 $e = 0.35$,$Y = 1.7$。

由表 13 - 7 知 $F_d = F_r/2Y$,则派生轴向力

$$F_{d1} = \frac{F_{r1}}{2Y} = \frac{7\ 500}{2 \times 1.7}\ \text{N} = 2\ 205.9\text{N}$$

$$F_{d2} = \frac{F_{r2}}{2Y} = \frac{15\ 000}{2 \times 1.7}\ \text{N} = 4\ 411.8\ \text{N}$$

而

$$F_{a1} = \begin{cases} F_{d2} + F_a = 4\ 411.8\ \text{N} + 3\ 000\ \text{N} = 7\ 411.8\ \text{N} \\ F_{d1} = 2\ 205.9\ \text{N} \end{cases}$$

取 $F_{a1} = 7\ 411.8\ \text{N}$。

$$F_{a2} = \begin{cases} F_{d2} = 4\ 411.8\ \text{N} \\ F_{d1} - F_a = 2\ 205.9\ \text{N} - 3\ 000\ \text{N} = -794.1\ \text{N} \end{cases}$$

取 $F_{a2} = 4\ 411.8\ \text{N}$。

$$\frac{F_{a1}}{F_{r1}} = \frac{7\ 411.8}{7\ 500} = 0.988 > e = 0.35$$

故由表 13 - 5 得 $X_1 = 0.4$,选取 $Y_1 = 1.7$。

$$\frac{F_{a2}}{F_{r2}} = \frac{4\ 411.8}{15\ 000} = 0.294 < e = 0.35$$

故由表 13 - 5 得 $X_2 = 1$,$Y_2 = 0$。则

$$P_{r1} = 0.4 \times 7\ 500\ \text{N} + 1.7 \times 7\ 411.8\ \text{N} = 15\ 600\ \text{N}$$

$$P_{r2} = 1 \times 15\ 000\ \text{N} = 15\ 000\ \text{N}$$

取 $P_r = P_{r1} = 15\ 600$ N

$$C_r' = P_r \sqrt[\varepsilon]{\frac{60nL_h'}{10^6}} = 15600 \times \sqrt[\frac{10}{3}]{\frac{60 \times 1\ 470 \times 8\ 000}{10^6}}\ \text{N}$$

$= 11\ 182.5$ N

根据轴承样本,可选 32309 轴承,$C_r = 145\ 000$ N,$X = 0.35$,$Y = 1.7$,不必验算。此时轴承 $d = 45$ mm,$D = 100$ mm,$B = 36$ mm。

由以上两种计算结果可知,选用 7220C 轴承,其内径和外径均比选用 32309 轴承要大得多,故最后确定选用 32309 轴承。

8. 轴的设计

例题:某两级齿轮减速器中间轴的轴向尺寸及轴上齿轮分度圆直径如图 D.9 所示。齿轮 1 受有圆周力 F_{t1}、径向力 F_{r1} 和轴向力 F_{a1};齿轮 2 受有圆周力 F_{t2} 和径向力 F_{r2}。已知载荷大小:$F_{t1} = 4\ 860$ N,$F_{r1} = 1\ 800$ N,$F_{a1} = 1\ 200$ N,$F_{t2} = 9\ 720$ N,$F_{r2} = 3\ 600$ N。试计算此中间轴的最大扭转角 φ、A 和 B 点处的偏转角 θ_A 和 θ_B、C 和 D 点的挠度 y_C 和 y_D。材料的切变模量 $G = 8 \times 10^4$ MPa,弹性模量 $E = 2.1 \times 10^5$ MPa。轴可看作是在全长上等粗的,直径 $d = 55$ mm。

1) 题意分析

由题意可知,这是一个转轴在给定几何尺寸和作用载荷条件下,要求计算出轴的扭转变形和弯曲变形的问题,目的在于检验轴的刚度。

2) 解题步骤

① 按水平面和垂直面分别计算支点反力;

② 计算轴的扭矩,按水平面和垂直面分别计算轴的弯矩,并绘制扭矩图和弯矩图;

③ 求最大扭转角;

④ 用能量法计算轴的偏转角和挠度;

⑤ 用叠加法进行偏转角和挠度的校验。

3) 解题过程
① 计算支点反力(见图 D.10a)

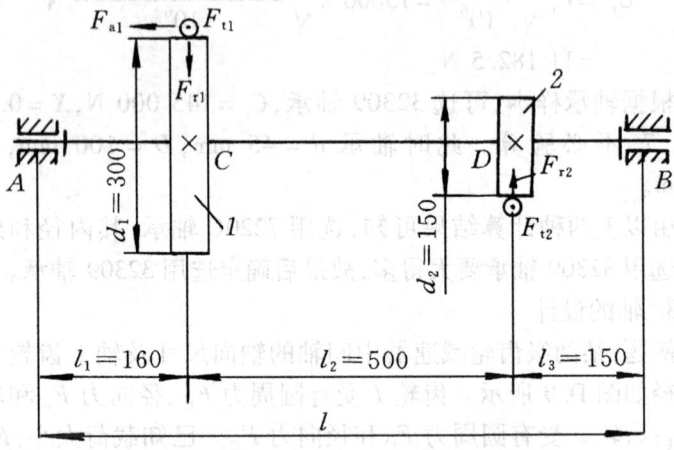

图 D.9 中间轴及轴上齿轮位置简图

在水平面上

$$F_{NAx} = \frac{F_{t1}(l_2 + l_3) + F_{t2}l_3}{l}$$

$$= \frac{4\,860 \times (500 + 150) + 9\,720 \times 150}{810} \text{ N}$$

$$= 5\,700 \text{ N}$$

$$F_{NBx} = \frac{F_{t1}l_1 + F_{t2}(l_1 + l_2)}{l}$$

$$= \frac{4\,860 \times 160 + 9\,720 \times (160 + 500)}{810} \text{ N}$$

$$= 8\,880 \text{ N}$$

在垂直面上

$$F_{NAy} = \frac{F_{r1}(l_2 + l_3) + F_{a1} \times 150 - F_{r2}l_3}{l}$$

$$= \frac{1\,800 \times 650 + 1\,200 \times 150 - 3\,600 \times 150}{810}\text{N}$$

$$= 1\,000\text{N}$$

$$F_{NBy} = \frac{F_{r2}(l_1 + l_2) + F_{a1} \times 150 - F_{r1}l_1}{l}$$

$$= \frac{3\,600 \times 660 + 1\,200 \times 150 - 1\,800 \times 160}{810}\text{N}$$

$$= 2\,800\text{N}$$

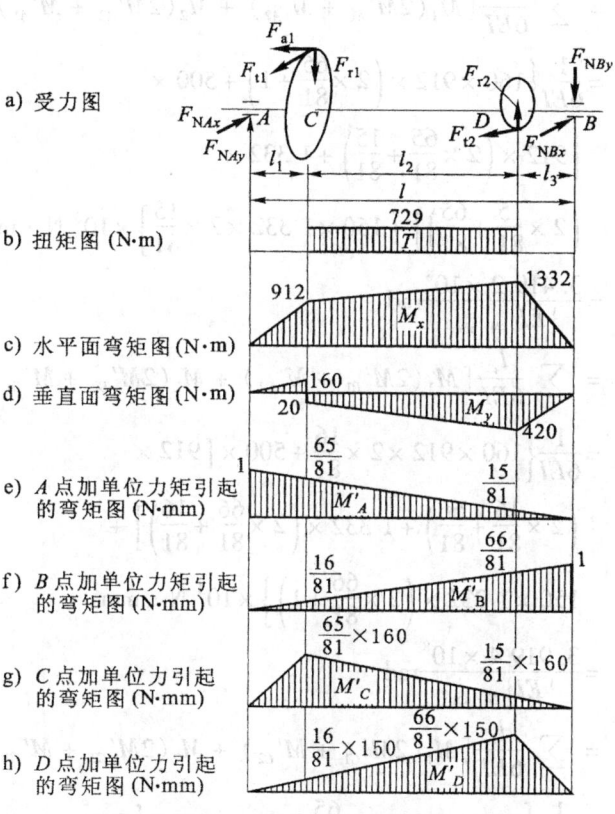

图 D.10 中间轴的载荷图

② 画出扭矩图和弯矩图(见图 D.10b~h)
③ 求最大扭转角 φ_{max}(按材料力学公式计算)

$$\varphi_{max} = \frac{Tl_2}{GI_P} = \frac{729 \times 10^3 \times 500}{8 \times 10^4 \times \frac{\pi}{32} \times 55^4} \text{rad}$$

$$= 0.00567 \text{ rad} = 0.325°$$

④ 用能量法求偏转角和挠度(按材料力学公式计算)
在水平面上:

$$\theta_A = \sum \frac{l_i}{6EI_i}[M_1(2M'_{A1} + M'_{A2}) + M_2(2M'_{A2} + M'_{A1})]$$

$$\theta_{Ax} = \frac{1}{6EI}\left\{160 \times 912 \times \left(2 \times \frac{65}{81} + 1\right) + 500 \times \right.$$

$$\left[912 \times \left(2 \times \frac{65}{81} + \frac{15}{81}\right) + 1332 \times \right.$$

$$\left.\left(2 \times \frac{15}{81} + \frac{65}{81}\right)\right] + 150 \times 1332 \times 2 \times \frac{15}{81}\right\} \times 10^3 \text{ N} \cdot \text{mm}^2$$

$$= \frac{3.4192 \times 10^8}{\{EI\}_{N \cdot mm^2}} \text{rad}$$

$$\theta_B = \sum \frac{l_i}{6EI_i}[M_1(2M'_{B1} + M'_{B2}) + M_2(2M'_{B2} + M'_{B1})]$$

$$\theta_{Bx} = \frac{1}{6EI}\left\{160 \times 912 \times 2 \times \frac{16}{81} + 500 \times \left[912 \times \right.\right.$$

$$\left.\left(2 \times \frac{16}{81} + \frac{66}{81}\right) + 1332 \times \left(2 \times \frac{66}{81} + \frac{16}{81}\right)\right] +$$

$$\left.150 \times 1332 \times \left(2 \times \frac{66}{81} + 1\right)\right\} \times 10^3 \text{ N} \cdot \text{mm}^2$$

$$= \frac{3.9194 \times 10^8}{\{EI\}_{N \cdot mm^2}} \text{rad}$$

$$y_C = \sum \frac{l_i}{6EI_i}[M_1(2M'_{C1} + M'_{C2}) + M_2(2M'_{C2} + M'_{C1})]$$

$$y_{Cx} = \frac{1}{6EI}\left\{160 \times 912 \times 2 \times \frac{65}{81} \times 160 + 500 \times \left[912 \times \right.\right.$$

$$\left(2\times\frac{65}{81}\times160+\frac{15}{81}\times160\right)+1\,332\times\left(2\times\right.$$

$$\left.\frac{15}{81}\times160+\frac{65}{81}\times160\right)\right]+150\times2\times1\,332\times$$

$$\left.\frac{15}{81}\times160\right\}\times10^3\text{ N}\cdot\text{mm}^3=\frac{508.159\,9\times10^8}{\{EI\}_{\text{N}\cdot\text{mm}^2}}\text{mm}$$

$$y_D=\sum\frac{l_i}{6EI_i}[M_1(2M'_{D1}+M'_{D2})+M_2(2M'_{D2}+M'_{D1})]$$

$$y_{Dx}=\frac{1}{6EI}\left\{160\times912\times2\times\frac{16}{81}\times150+500\times\right.$$

$$\left[912\times\left(2\times\frac{16}{81}\times150+\frac{66}{81}\times150\right)+\right.$$

$$\left.1\,332\times\left(2\times\frac{66}{81}\times150+\frac{16}{81}\times150\right)\right]+$$

$$\left.150\times1\,332\times2\times\frac{66}{81}\times150\right\}\times10^3\text{ N}\cdot\text{mm}^3$$

$$=\frac{537.96\times10^8}{\{EI\}_{\text{N}\cdot\text{mm}^2}}\text{mm}$$

在垂直面上：

$$\theta_{Ay}=\frac{1}{6EI}\left\{160\times160\times\left(2\times\frac{65}{81}+1\right)-500\times\right.$$

$$\left[20\times\left(2\times\frac{65}{81}+\frac{15}{81}\right)+420\times\left(2\times\frac{15}{81}+\right.\right.$$

$$\left.\left.\frac{65}{81}\right)\right]-150\times420\times2\times\frac{15}{81}\right\}\times10^3\text{ N}\cdot\text{mm}^2$$

$$=-\frac{0.368074\times10^8}{\{EI\}_{\text{N}\cdot\text{mm}^2}}\text{rad}$$

$$\theta_{By}=\frac{1}{6EI}\left\{160\times160\times2\times\frac{16}{81}-500\times\left[20\times\right.\right.$$

$$\left.\left(2\times\frac{16}{81}+\frac{66}{81}\right)+420\times\left(2\times\frac{66}{81}+\frac{16}{81}\right)\right]-$$

$$\left.150\times420\times\left(2\times\frac{66}{81}+1\right)\right\}\times10^3\text{ N}\cdot\text{mm}^2$$

$$= -\frac{0.918\ 926 \times 10^8}{\{EI\}_{N \cdot mm^2}} \text{rad}$$

$$y_{Cy} = \frac{1}{6EI}\Big\{160 \times 160 \times 2 \times \frac{65}{81} \times 160 + 500 \times$$

$$\Big[20 \times \Big(\frac{65}{81} \times 160 + \frac{15}{81} \times 160\Big) + 420 \times \Big(2 \times \frac{15}{81} \times$$

$$160 + \frac{65}{81} \times 160\Big)\Big] - 150 \times 420 \times 2 \times \frac{15}{81} \times$$

$$160\Big\} \times 10^3\ N \cdot mm^3 = -\frac{65.718\ 5 \times 10^8}{\{EI\}_{N \cdot mm^2}} mm$$

$$y_{Dy} = \frac{1}{6EI}\Big\{160 \times 160 \times 2 \times \frac{16}{81} \times 150 - 500 \times$$

$$\Big[20 \times \Big(2 \times \frac{16}{81} \times 150 + \frac{66}{81} \times 150\Big) + 420 \times$$

$$\Big(2 \times \frac{66}{81} \times 150 + \frac{16}{81} \times 150\Big)\Big] - 150 \times 420 \times$$

$$2 \times \frac{66}{81} \times 150\Big\} \times 10^3\ N \cdot mm^3 = -\frac{122.089 \times 10^8}{\{EI\}_{N \cdot mm^2}} mm$$

因为 $I = \frac{\pi}{64}d^4 = \frac{\pi}{64} \times 55^4\ mm^4 = 449\ 180.25\ mm^4$

$EI = 2.1 \times 10^5 \times 449\ 180.25 = 943.278\ 53 \times 10^8\ N \cdot mm^2$

$$\theta_A = \sqrt{\theta_{Ax}^2 + \theta_{Ay}^2} = \frac{\sqrt{3.419\ 2^2 + (-0.368\ 074)^2}}{\{EI\}_{N \cdot mm^2}} \times 10^8\ \text{rad}$$

$$= 0.003\ 646\ \text{rad}$$

$$\theta_B = \sqrt{\theta_{Bx}^2 + \theta_{By}^2} = \frac{\sqrt{3.919\ 4^2 + (-0.918\ 926)^2}}{\{EI\}_{N \cdot mm^2}} \times 10^8\ \text{rad}$$

$$= 0.004\ 268\ \text{rad}$$

$$y_C = \sqrt{y_{Cx}^2 + y_{Cy}^2} = \frac{\sqrt{508.159\ 9^2 + (-65.718\ 5)^2}}{\{EI\}_{N \cdot mm^2}} \times 10^8\ \text{mm}$$

$$= 0.543\ 2\ \text{mm}$$

$$y_D = \sqrt{y_{Dx}^2 + y_{Dy}^2} = \frac{\sqrt{537.96^2 + (-122.089)^2}}{\{EI\}_{N \cdot mm^2}} \times 10^8\ \text{mm}$$

$= 0.584\ 8$ mm

⑤ 用叠加法进行偏转角和挠度的校验

在水平面上：

由力 F_{t1} 在 A 点引起的偏转角为 θ_{Ax1}，则

$$\theta_{Ax1} = \frac{F_{t1}(l_2 + l_3)[l^2 - (l_2 + l_3)^2]}{6lEI}$$

$$= \frac{4\ 860 \times 650 \times (810^2 - 650^2)}{6 \times 810 \times \{EI\}_{N \cdot mm^2}}\ rad = \frac{1.518\ 4 \times 10^8}{\{EI\}_{N \cdot mm^2}} rad$$

由力 F_{t2} 在 A 点引起的偏转角为 θ_{Ax2}，则

$$\theta_{Ax2} = \frac{F_{t2}l_3(l^2 - l_3^2)}{6lEI} = \frac{9\ 720 \times 150 \times (810^2 - 150^2)}{6 \times 810 \times \{EI\}_{N \cdot mm^2}} rad$$

$$= \frac{1.900\ 8 \times 10^8}{\{EI\}_{N \cdot mm^2}} rad$$

$$\theta_{Ax} = \theta_{Ax1} + \theta_{Ax2} = \frac{1}{\{EI\}_{N \cdot mm^2}}(1.518\ 4 + 1.900\ 8) \times 10^8\ rad$$

$$= \frac{3.419\ 2 \times 10^8}{\{EI\}_{N \cdot mm^2}} rad$$

同理在 B 点

$$\theta_{Bx1} = \frac{F_{t1}l_1(l^2 - l_1^2)}{6lEI} = \frac{4\ 860 \times 160 \times (810^2 - 160^2)}{6 \times 810 \times \{EI\}_{N \cdot mm^2}} rad$$

$$= \frac{1.008\ 8 \times 10^8}{\{EI\}_{N \cdot mm^2}} rad$$

$$\theta_{Bx2} = \frac{F_{t2}(l_1 + l_2)[l^2 - (l_1^2 + l_2^2)]}{6lEI}$$

$$= \frac{9\ 720 \times 660 \times (810^2 - 660^2)}{6 \times 810 \times \{EI\}_{N \cdot mm^2}} rad = \frac{2.910\ 6 \times 10^8}{\{EI\}_{N \cdot mm^2}} rad$$

$$\theta_{Bx} = \theta_{Bx1} + \theta_{Bx2} = \frac{1}{\{EI\}_{N \cdot mm^2}}(1.008\ 8 + 2.910\ 6) \times 10^8\ rad$$

$$= \frac{3.919\ 4 \times 10^8}{\{EI\}_{N \cdot mm^2}} rad$$

由力 F_{t1} 在 C 点引起的挠度为 y_{Cx1}，F_{t2} 在 C 点引起的挠度为

y_{Cx2},则

$$y_{Cx1} = \frac{F_{t1}(l_2 + l_3)l_1[l^2 - l_1^2 - (l_2 + l_3)^2]}{6lEI}$$

$$= \frac{4\,860 \times 650 \times 160 \times (810^2 - 160^2 - 650^2)}{6 \times 810 \times \{EI\}_{N \cdot mm^2}} \text{ mm}$$

$$= \frac{216.319\,6 \times 10^8}{\{EI\}_{N \cdot mm^2}} \text{ mm}$$

$$y_{Cx2} = \frac{F_{t2}l_3 l_1 (l^2 - l_1^2 - l_3^2)}{6lEI}$$

$$= \frac{9\,720 \times 150 \times 160 \times (810^2 - 160^2 - 150^2)}{6 \times 810 \times \{EI\}_{N \cdot mm^2}} \text{ mm}$$

$$= \frac{291.839\,3 \times 10^8}{\{EI\}_{N \cdot mm^2}} \text{ mm}$$

$$y_{Cx} = y_{Cx1} + y_{Cx2} = \frac{1}{\{EI\}_{N \cdot mm^2}}(216.319\,6 + 291.839\,3) \times 10^8 \text{ mm}$$

$$= \frac{508.159\,9 \times 10^8}{\{EI\}_{N \cdot mm^2}} \text{ mm}$$

同理在 D 点

$$y_{Dx1} = \frac{F_{t1}l_1 l_3[2l(l_1 + l_2) - (l_1 + l_2)^2 - l_1^2]}{6lEI}$$

$$= \frac{4\,860 \times 160 \times 150 \times (2 \times 810 \times 660 - 660^2 - 160^2)}{6 \times 810 \times \{EI\}_{N \cdot mm^2}} \text{ mm}$$

$$= \frac{145.92 \times 10^8}{\{EI\}_{N \cdot mm^2}} \text{ mm}$$

$$y_{Dx2} = \frac{F_{t2}l_3(l_1 + l_2)[l^2 - (l_1 + l_2)^2 - l_3^2]}{6lEI}$$

$$= \frac{9\,720 \times 150 \times 660 \times (810^2 - 660^2 - 150^2)}{6 \times 810 \times \{EI\}_{N \cdot mm^2}} \text{ mm}$$

$$= \frac{392.04 \times 10^8}{\{EI\}_{N \cdot mm^2}} \text{ mm}$$

$$y_{Dx} = y_{Dx1} + y_{Dx2} = \frac{1}{\{EI\}_{N \cdot mm^2}}(145.92 + 392.04) \times 10^8 \text{ mm}$$

$$= \frac{537.96 \times 10^8}{\{EI\}_{N \cdot mm^2}} mm$$

在垂直面上：

由力 F_{r1} 在 A 点引起的偏转角为 θ_{Ay1}，由力 F_{r2} 在 A 点引起的偏转角为 θ_{Ay2}，由轴向力 F_{a1} 引起的弯矩为 M_{a1}

$$M_{a1} = F_{a1} \cdot \frac{d_1}{2} = 1\,200 \times \frac{300}{2} N \cdot mm = 180\,000 \ N \cdot mm$$

由 M_{a1} 在 A 点引起的偏转角为 θ_{AyM}，则

$$\theta_{Ay1} = \frac{F_{r1}(l_2 + l_3)[l^2 - (l_2 + l_3)^2]}{6lEI}$$

$$= \frac{1\,800 \times 650 \times (810^2 - 650^2)}{6 \times 810 \times \{EI\}_{N \cdot mm^2}} rad = \frac{0.562\,37 \times 10^8}{\{EI\}_{N \cdot mm^2}} rad$$

$$\theta_{Ay2} = \frac{F_{r2}l_3(l^2 - l_3^2)}{6lEI} = \frac{-3\,600 \times 150(810^2 - 150^2)}{6 \times 810 \times \{EI\}_{N \cdot mm^2}} rad$$

$$= \frac{-0.704 \times 10^8}{\{EI\}_{N \cdot mm^2}} rad$$

$$\theta_{AyM} = \frac{M_{a1}[l^2 - 3(l_2 + l_3)^2]}{6lEI}$$

$$= \frac{-180\,000 \times (810^2 - 3 \times 650^2)}{6 \times 810 \times \{EI\}_{N \cdot mm^2}} rad$$

$$= -\frac{0.226\,444 \times 10^8}{\{EI\}_{N \cdot mm^2}} rad$$

$$\theta_{Ay} = \theta_{Ay1} + \theta_{Ay2} + \theta_{AyM}$$

$$= \frac{1}{\{EI\}_{N \cdot mm^2}}(0.562\,37 - 0.704 - 0.226\,444) \times 10^8 \ rad$$

$$= \frac{-0.368\,074 \times 10^8}{\{EI\}_{N \cdot mm^2}} rad$$

同理在 B 点

$$\theta_{By1} = \frac{F_{r1}l_1(l^2 - l_1^2)}{6lEI} = \frac{1\,800 \times 160 \times (810^2 - 160^2)}{6 \times 810 \times \{EI\}_{N \cdot mm^2}} rad$$

$$= \frac{0.37363 \times 10^8}{\{EI\}_{N \cdot mm^2}} \text{rad}$$

$$\theta_{By2} = \frac{F_{r2}(l_1 + l_2)[l^2 - (l_1 + l_2)^2]}{6lEI}$$

$$= \frac{-3600 \times 660 \times (810^2 - 660^2)}{6 \times 810 \times \{EI\}_{N \cdot mm^2}} \text{rad}$$

$$= -\frac{1.078 \times 10^8}{\{EI\}_{N \cdot mm^2}} \text{rad}$$

$$\theta_{ByM} = \frac{M_{a1}(l^2 - 3l_1^2)}{6lEI} = \frac{-180000 \times (810^2 - 3 \times 160^2)}{6 \times 810 \times \{EI\}_{N \cdot mm^2}} \text{rad}$$

$$= -\frac{0.214556 \times 10^8}{\{EI\}_{N \cdot mm^2}} \text{rad}$$

$$\theta_{By} = \theta_{By1} + \theta_{By2} + \theta_{ByM}$$

$$= \frac{1}{\{EI\}_{N \cdot mm^2}} (0.37363 - 1.078 - 0.214556) \times 10^8 \text{ rad}$$

$$= -\frac{0.918926 \times 10^8}{\{EI\}_{N \cdot mm^2}} \text{rad}$$

在 C 点

$$y_{Cy1} = \frac{F_{r1}(l_2 + l_3)l_1[l^2 - l_1^2 - (l_2 + l_3)^2]}{6lEI}$$

$$= \frac{1800 \times 650 \times 160 \times (810^2 - 160^2 - 650^2)}{6 \times 810 \times \{EI\}_{N \cdot mm^2}} \text{mm}$$

$$= \frac{80.1183 \times 10^8}{\{EI\}_{N \cdot mm^2}} \text{mm}$$

$$y_{Cy2} = \frac{F_{r2}l_3l_1(l^2 - l_1^2 - l_3^2)}{6lEI}$$

$$= \frac{-3600 \times 150 \times 160 \times (810^2 - 160^2 - 150^2)}{6 \times 810 \times \{EI\}_{N \cdot mm^2}} \text{mm}$$

$$= -\frac{108.0887 \times 10^8}{\{EI\}_{N \cdot mm^2}} \text{mm}$$

$$y_{CyM} = \frac{M_{a1}l_1[l^2 - 3(l_2 + l_3)^2 - l_1^2]}{6lEI}$$

$$= \frac{-180\,000 \times 160 \times (810^2 - 3 \times 650^2 - 160^2)}{6 \times 810 \times \{EI\}_{N \cdot mm^2}} mm$$

$$= \frac{-37.7481 \times 10^8}{\{EI\}_{N \cdot mm^2}} mm$$

$$y_{Cy} = y_{Cy1} + y_{Cy2} + y_{CyM}$$

$$= \frac{1}{\{EI\}_{N \cdot mm^2}} (80.1183 - 108.0887 - 37.7481) \times 10^8 \, mm$$

$$= -\frac{65.7185 \times 10^8}{\{EI\}_{N \cdot mm^2}} mm$$

由以上计算可以看出,用能量法和叠加法的计算结果相同,故实用中只须按其中一种方法计算即可。

9. 弹簧设计

例题:试设计一柴油机喷油泵用的圆柱螺旋压缩弹簧。已知最大工作载荷 $F_{max} = 2\,400$N,工作行程 $h = 20$ mm;该弹簧套在一个直径为30mm 的杆上工作,并限制其最大外径不大于60mm,自由高度在 120～140mm 范围内,弹簧经常在变载荷下工作,载荷作用次数大于 10^6。

1) 题意分析

由题意可知,这是根据给定最大载荷、工作行程并限制内、外径及自由高度等条件,要求设计合用的圆柱螺旋压缩弹簧。

2) 解题步骤

在给定最大载荷、工作行程并限制弹簧内、外径及自由高度条件下来决定弹簧尺寸时,其设计步骤没有固定的程式,常需对同一参数,如弹簧丝直径 d 和弹簧中径 D 同时选定几个数据方案,平行地进行计算,最后根据计算结果,加以综合的分析对比,确定一种比较经济合理的设计。

3) 解题过程

根据工作情况,该弹簧属于第 I 类弹簧,现用 60Si2MnA 弹簧钢(C 类)制造。现初选弹簧丝直径 $d = 9, 10, 11$(mm)三种不同尺寸进行试算对比,见表 D.5。

表 D.5 三种方案试算对比表

计算项目	计算根据	单位	方案 1	方案 2	方案 3
初选弹簧丝直径 d		mm	9	10	11
设弹簧中径 D		mm	45	45	45
旋绕比 C	$C = D/d$		5	4.5	4.1
补偿系数 K	$K = \dfrac{4C-1}{4C-4} + \dfrac{0.615}{C}$		1.31	1.35	1.39
许用扭转应力 $[\tau]$	表 16-2	MPa	471	471	471
计算弹簧丝直径 d'	$d' \geqslant 1.6\sqrt{\dfrac{F_{\max}KC}{[\tau]}} < d$	mm	9.24 > 9	8.9 < 10	8.6 < 11

从上面计算结果可以看出,在强度方面,方案 1 不能用,而方案 2 和 3 就强度和径向尺寸而言,都能满足要求,但在变形和长度尺寸方面还需进一步试算和对比,见表 D.6。

从表 D.6 中计算结果可以看出 2、3 两种方案都超过了设计要求的弹簧自由高度范围,方案 3 超过的更多,可以不再考虑。下面对方案 2 再作适当的修正,使之符合设计要求。

修正的办法是适当增大弹簧直径,从而可以达到减少弹簧圈数和自由高度的目的。但这样将使弹簧丝内的应力增加,不过从方案 2 的强度计算中可以看出其应力尚未达到允许值,因而这个办法是可取的。

表 D.6 2、3 两方案试算对比表

计算项目	计算根据	单位	方案 2	方案 3
最小载荷 $F_{\min}$	取 $F_{\min} = 0.2 F_{\max}$	N	480	480
弹簧刚度 k_F	$k_F = \dfrac{F_{\max} - F_{\min}}{h}$	N/mm	96	96

表 D.6(完)

计算项目	计算根据	单位	方案 2	方案 3
弹簧最大变形量 λ_{max}	$\lambda_{max} = \dfrac{F_{max}}{k_F}$	mm	25	25
弹簧工作圈数 n	$n = \dfrac{Gd}{8F_{max}C^3}\lambda_{max}$	圈	11.2 取 12	16.3 取 17
弹簧总圈数 n_1	$n_1 = n + (1.5 \sim 2)$	圈	13.5	19
弹簧在最大工作载荷下间距 δ_1	取 $\delta_1 = 0.1d$	mm	1	1.1
弹簧轴向间距 δ	$\delta = \dfrac{\lambda_{max}}{n} + \delta_1$	mm	3.1	2.57
弹簧自由高度 H_0	$H_0 = n\delta + (n_1 - 0.5)d < 140$	mm	167.2 > 140	247.2 > 140

重设 $D = 50$ mm,则

$$C = \frac{D}{d} = \frac{50}{10} = 5$$

$$K = \frac{4C-1}{4C-4} + \frac{0.615}{C} = \frac{4 \times 5 - 1}{4 \times 5 - 4} + \frac{0.615}{5} = 1.31$$

$$d' = 1.6\sqrt{\frac{F_{max}KC}{[\tau]}} = 1.6 \times \sqrt{\frac{2400 \times 1.31 \times 5}{471}} \text{ mm}$$

$$= 9.24 \text{ mm}$$

这说明用 $d = 10$ mm 的弹簧丝时强度是足够的。

弹簧工作圈数 n

$$n = \frac{\lambda_{max}Gd^4}{8F_{max}D^3} = \frac{25 \times 78\,500 \times 10^4}{8 \times 2400 \times 50^3} = 8.18$$

取 $n = 8.5$ 圈。

弹簧总圈数

$$n_1 = n + 2 = 10.5 \text{ 圈}$$

最大工作载荷下的间距

$$\delta_1 = 0.1d = 0.1 \times 10 \text{ mm} = 1 \text{ mm}$$

弹簧轴向间距

$$\delta = \frac{\lambda_{max}}{n} + \delta_1 = \left(\frac{25}{8.5} + 1\right) \text{ mm} = 3.94 \text{ mm}$$

弹簧自由高度

$$H_0 = n\delta + (n_1 - 0.5)d$$
$$= 8.5 \times 3.94 \text{ mm} + (10.5 - 0.5) \times 10 \text{ mm}$$
$$= 133.49 \text{ mm}(在 120 \sim 140 \text{ mm 间})$$

弹簧内径

$$D_1 = D - d = (50 - 10) \text{ mm} = 40 \text{mm} > 30\text{mm}$$

弹簧外径

$$D_2 = D + d = (50 + 10) \text{ mm} = 60 \text{ mm},不大于所限制的外径$$

由以上计算可知,弹簧的自由高度 H_0、外径 D_2 和内径 D_1 都符合设计要求。

弹簧节距

$$p = d + \delta = (10 + 3.94) \text{ mm} = 13.94 \text{ mm}$$

弹簧升角

$$\alpha = \arctan\frac{p}{\pi D} = \arctan\frac{13.94}{\pi \times 50} = 5.07°$$

弹簧丝展开长度

$$L = \frac{\pi D n_1}{\cos\alpha} = \frac{\pi \times 50 \times 10.5}{\cos 5.07°} \text{ mm} = 1656 \text{ mm}$$

E. 机械现代设计方法简介

教材§2-11中已从总体上对机械现代设计方法作了简略的介绍,这里再稍作扩展性的说明,以供读者参考。

概括地说,机械设计方法主要有理论设计、经验设计和模型实验设计。目前所谓的现代设计方法是相对于已往长期使用、目前还在常常使用着的所谓常规的设计(传统的设计、可行性设计)方法而言的。它们是立足于某些学科的相互交叉,贯穿着现代设计意图及准则,并与现代设计手段、工具和资料相结合的设计方法。涉及的学科分支主要有优化与决策、概率与统计、计算机与程序设计、相似理论、精密测量、摩擦学、设计方法学、机械动力学、断裂力学、有限元、边界元、模糊数学等等。另外,实用中还常把某些设计方法结合起来,如计算机辅助可靠性优化设计等。

下面仅就§2-11中提到的几种作些简要介绍,以便读者对现代设计方法有稍多的了解;如需对某方面的内容作进一步学习时,可参看本书附录G.2中介绍的有关书籍。

E.1 机械优化设计简介

一、概述

机械优化设计就是把机械设计与优化理论及方法密切结合起来去处理机械设计问题。

优化的含义,就是在处理各种事物的一切可能的方案中寻求最优的方案。绝对的最优只有在某些理论性计算中才可以得到。例如求函数 $f(X) = (x_1-4)^2 + (x_2-5)^2$ 的最小值,显然只有 $X^* = [4,5]^T$ 为其最优点,此时的最优值 $f^* = 0$。但在工程实际中,没有不受客观条件限制的事物,因而实用中的优化问题,都是在给定的条件下,从一切可行的方案中寻求最适当的方案,所以对于实际的事物,所谓的最优化,无不带有一定的相对性。

随着社会生产和科学技术的不断发展,优化理论与方法也在不断地发展,从 17 世纪以微分法和变分法为基础的古典优化方法诞生,经历了一段漫长的时间,近几十年来,随着电子计算机的出现与更新,优化技术得到了快速的发展,目前在各行各业中应用日渐广泛。我国某大型水库的闸门开启机构,原设计方案中所需的操纵力矩为 4 MN·m,经过优化设计后仅需 2.05 MN·m;矿山用单级圆柱齿轮减速器优化设计后的质量减少了 12%;摆线针轮减速器优化设计后的质量则减少了 15%。大量事例证明,优化设计将会在四化建设中带来大幅度的经济效益。在科技发达的国家,已将优化技术列为科技人员的基本职业训练项目。现代优化方法正在以数学规划为核心,以高速电子计算机为工具,向着多变量、多目标、高效率、高精度方向发展,在科技研究、产品开发、基础建设等各方面显示其强大的威力。

二、优化设计的数学模型

描述优化设计内容、变量关系、有关条件和优化意图的数学表达式,称为优化设计的数学模型。建立机械优化设计问题的数学模型,就是通过对设计问题的全面分析研究,根据设计对象的具体工况、功能、材质、失效形式、设计准则、各参数间的依存关系及优化目标等,抽象出一组数学表达式,从而把机械优化设计问题转化为求解数学问题的工作过程。数学模型是优化设计的基础,它能否全面而准确地反映优化设计问题的实质,是优化设计成败的关键。有了正确的数学模型,才能有针对性地选择合适的优化方法来求解该模型中的数学问题,找出优化设计方案,再经过检查与评价,最后得出满意的优化结果。

优化设计的数学模型包括三个组成要素,即设计变量、目标函数及约束条件。

1. 设计变量

一个优化设计方案就是一组设计参数的最优组合。这些设计参数可以概括地分为两类：一类是可以根据客观规律、具体条件及可靠资料等预先给定的参数，称为设计常量，如材料的力学性能、机器的工作情况系数等（这类参数实质上都不是常量，但作为常量看待时一般不会有严重的误差）；另一类是在优化过程中经过调整或逼近，最后达到最优值的独立参数，称为设计变量。优化设计的目的就是要使这一组设计变量达到最优的组合。

设计变量的个数就是优化问题的维数。含有 n 个设计变量 $x_1, x_2, \cdots, x_n$ 的优化问题就是在 n 维空间寻优，设计空间内（含边界上）以 n 个变量为坐标的点 X 就代表一个设计方案。以矢量表示时，即

$$X = [x_1, x_2, \cdots, x_n]^T \quad \text{或} \quad X \in E^n$$

式中：E^n 代表 n 维欧几里德空间（欧氏空间），则 X 即为从 n 个坐标轴的原点到以 n 个变量为坐标的 X 点止的一个 n 维矢量。当 $n > 3$ 时，X 即为一个超空间矢量。

设计变量可以是连续变量，如轴的跨度、蜗杆的转速等；也可以是离散变量，如齿轮的模数、滚动轴承的直径等；还可以是整数变量，如齿轮的齿数、V 带的根数等。

2. 目标函数

目标函数是反映各个设计变量相互关系的数学表达式。由于目标函数值是评价优化方案好坏的一个重要指标，所以又称为评价函数。

机械优化设计中有的追求目标函数达到极小值，如滑动轴承的功耗、减速器的总体尺寸等；有的则追求达到极大值，如弹簧的减振能力、减速器的输出功率等。由于 $\max f(X) = -\min[-f(X)]$，为了使优化问题规范化，通常将极大化和极小化问题统一表示为

$$\min f(X) = f(x_1, x_2, \cdots, x_n) \quad X \in E^n \qquad (\text{E}.1)$$

式中:min 为 minimize 的缩写。

如果优化问题只有一个目标函数,称为单目标优化问题。例如优化设计弹簧时只要求它的减振能力最大,这时只需一个目标函数,即为单目标优化问题。当把目标函数值作为变量来看待时,因为只有一个变量,即目标空间是一条直线,所以又称为标量优化问题。

如对弹簧除上述要求外,还要求总体长度最小,那就得建立两个目标函数$f_1(X)$和$f_2(X)$,这就属于多目标优化问题了(也有的文献中把这种情况称为双目标或两目标优化问题,目标函数到三个或三个以上才叫多目标优化问题)。

多目标优化问题的目标函数通常表示为

$$V - \min F(X) = F[f_1(X), f_2(X), \cdots, f_m(X)]$$
$$X \in E^n, F \in E^m, m \geq 2 \qquad (E.2)$$

这时目标函数在目标空间已经是一个 m 维矢量,所以又称为矢量优化问题(一般在 min 前加一个前缀"$V-$"来表示矢量极小化)。

3. 约束条件

约束条件也称约束函数或设计约束。它是设计变量间或设计变量本身所受限制条件的数学表达式。它在工程实际的优化问题中总是存在的,因为设计变量都不可能是无限制地取值的。

约束条件按其表达式可分为不等式约束和等式约束两种,即

$$g_j(X) \geq 0 \quad j = 1, 2, \cdots, p \qquad (E.3)$$
$$h_k(X) = 0 \quad k = 1, 2, \cdots, q \qquad (E.4)$$

按约束条件的性质又可分为性能约束和边界约束。前者是对设计对象的某种性能给以限制,如轴的挠度的计算值应小于或等于其许用挠度;后者是对某些设计变量的取值范围给以限制,既可能仅给出上限或下限,也可能同时给出上、下限,即

$$a_i \leq x_i \leq b_i \quad i = 1, 2, \cdots, n \qquad (E.5)$$

例如斜齿圆柱齿轮的螺旋角常限制为 $8° \sim 15°$。对于这类约束，显然可改写为

$$g_1(X) = x_i - a_i \geq 0 \quad i = 1,2,\cdots,n \qquad (E.3')$$
$$g_2(X) = b_i - x_i \geq 0 \quad i = 1,2,\cdots,n \qquad (E.3'')$$

因为上二式中的 a_i、b_i 均为常量，所以把这类约束称为常量约束。

按约束条件的作用还可划分为起作用的约束(紧约束或有效约束)和不起作用的约束(松约束或消极约束)。当然，还可以从不同的角度采取其它的划分方法。

等式约束相当于设计空间里一条曲线(曲面或超曲面)，最优点必须位于该曲线(曲面或超曲面)上，因而总是紧约束。存在一个独立的等式约束，就可用代入法消去一个设计变量，使优化问题降低一维。因此，数学模型中独立的等式约束的数目应小于设计变量的数目，即式(E.4)中的 q 应小于 n；如果 $q = n$，数学模型就不是一个待定的优化系统，而成为没有优化余地的既定系统了。

不等式约束是以其边界 $g(X) = 0$ [有时取 $g(X) \approx 0$] 表现出约束作用的，它只限制最优点需落在允许区域内(包括边界上)，该区域称为可行域，域外均为不可行域，因而不等式约束的数目与设计变量的数目无关。

不带约束条件的优化问题称为无约束优化问题；带约束条件的则称为约束优化问题。显然，工程实际中的优化问题均属后者。由一些约束条件围成的可行域常以 D 表示，而 D 为 n 维欧氏空间内的一个子集，即 $X \in D \subset E^n$。

4. 数学模型及有关说明

综上所述，单目标优化问题数学模型的基本表达式为：
无约束优化问题

$$\min f(X) \quad X \in E^n \qquad (E.6)$$

约束优化问题

$$\left.\begin{aligned}&\min f(\boldsymbol{X}) \quad \boldsymbol{X} \in D \subset E^n \\ &\text{s. t. } g_j(\boldsymbol{X}) \geqslant 0 \quad j = 1,2,\cdots,p \\ &\quad h_k(\boldsymbol{X}) = 0 \quad k = 1,2,\cdots,q(q < n)\end{aligned}\right\} \quad (\text{E.7})$$

式中:"s. t."为 subject to 的缩写,意即"满足于"或"受限于"。
上式也可写为

$$\left.\begin{aligned}&\min_{\boldsymbol{X} \in D \subset E^n} f(\boldsymbol{X}) \\ &D = \{\boldsymbol{X} \mid g_j(\boldsymbol{X}) \geqslant 0, j = 1,2,\cdots,p; \\ &\quad h_k(\boldsymbol{X}) = 0, k = 1,2,\cdots,q(q<n)\}\end{aligned}\right\} \quad (\text{E.7}')$$

选用某种优化方法求解上式后,就可得到优化的一组设计变量,亦即一个优化设计方案 $\boldsymbol{X}^* = (x_1^*, x_2^*, \cdots, x_n^*)$,其中 $\boldsymbol{X}^*$ 称为最优点,对应的目标函数值 $f^* = f(\boldsymbol{X}^*)$ 称为最优值,$\boldsymbol{X}^*$ 与 f^* 合称最优解。

前已指出,数学模型是优化设计的基础,建模工作的好坏是优化设计成败的关键。数学模型虽可根据种种已知条件来建立,但应明确,一个数学模型建成后,不一定就能直接用来编程和求优,而是常需经过分析检查,并做好必要的简化、调整和加工。因此应注意以下几点:

1) 在影响很小的情况下,应尽可能减少设计变量和约束条件,或将某些数学表达式在允许范围内近似化,从而尽可能简化数学模型。

2) 当某些设计变量间的数量级悬殊较大时,应进行适当的尺度调整,以改善函数的形态。例如 $f(\boldsymbol{X}) = 0.01x_1^2 + 100x_2^2 - x_1 x_2$,它的等值线形状显然是很瘦长的椭圆族,将使数值迭代难于收敛和计算误差增长。如对变量的尺度作适当调整,令 $x_1' = x_1/10, x_2' = 10x_2$,则该式将变为 $f(\boldsymbol{X}) = x_1'^2 + x_2'^2 - x_1' x_2'$,这时迭代求优显然方便得多。

3) 计算式中某些参数的查用资料可能是表格、曲线或较复杂的公式,需经曲线拟合或回归处理,方能便于计算或编程。例如圆截面钢丝圆柱螺旋扭转弹簧的曲度系数 $K=(4C-1)/(4C-4)$，C 为弹簧的旋绕比，在引入数学模型前应通过回归计算改为 $K=1.425/C^{0.115}$。

4) 对数学模型中的函数应进行数学特性分析，如凹凸性、光滑性、振荡性等。

另外，还应认识到复杂优化问题的建模工作，可能要经过几次反复，才会使数学模型达到合理和合用的水平。

三、优化设计的几何描述

为了进一步阐明优化设计的原理，现举两例进行直观的几何描述。

1. 设有二维约束优化问题的数学模型为

$$\min f(X) = x_1^2 + x_2 \quad X \in D \subset E^2$$
$$\text{s. t.} \ g_1(X) = -(x_1^2 + x_2^2) + 9 \geqslant 0$$
$$g_2(X) = -x_1 - x_2 + 1 \geqslant 0$$

目标函数 $f(X)$ 的等值线方程可写为

$$x_1^2 + x_2 = C_i \quad i = 1, 2, \cdots$$

式中：C 为常数，此式代表以 x_2 轴为对称线的抛物线族，见图 E.1。由图可见，由 $g_1(X)=0$ 的圆和 $g_2(X)=0$ 的直线所围成的可行域 D（以图中标有阴影的线段为界）即为可行点 X 的集合，圆与等值线的切点 X^* 即为约束极值点，即 $X^* = [0, -3]^T$，$f^* = f(X^*) = -3$；同时还可看出，$g_1(X)$ 是起作用的约束，$g_2(X)$ 是不起作用的约束。

另外，极易判明，$f(X)$ 为凸函数，约束域 D 为凸域，故 X^* 即为全域极小点（最优点），f^* 即为全域极小值（最优值），X^* 和 f^* 为此优化问题的全域最优解。

2. 设有二维约束优化问题的数学模型为

$$\min f(X) = x_1^2 + x_2 \quad X \in D \subset E^2$$
$$\text{s. t.} \ g_1(X) = -(x_1 + x_2^2) + 1 \geqslant 0$$
$$g_2(X) = -(x_1 + x_2) + 1 \geqslant 0$$

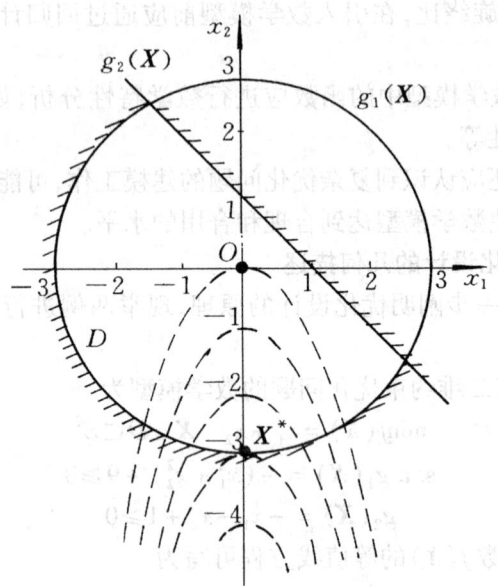

图 E.1　二维约束优化问题的几何描述之一

各式的图象如图 E.2 所示。

本题除不等式约束 $g_1(X)$ 和 $g_2(X)$ 外,还有一个等式约束 $h(X)$。$g_1(X)$ 和 $g_2(X)$ 的约束作用如图中阴影所示,但由于 $h(X)$ 限制了设计点必须位于半径等于 3 的圆周上,所以可行域 D 只剩下了该圆周上被 $g_1(X)=0$,所截的一小段圆弧$\overgroup{AB}$,此时的约束极值点显然即为 A 点,即 $X^* = [-2.37, -1.84]^T, f^* = f(X^*) = 3.777$。

四、优化方法的分类及常用优化方法简介

优化方法的类别很多,从不同的出发点可作出各种不同的分类。概略的分类方法有:

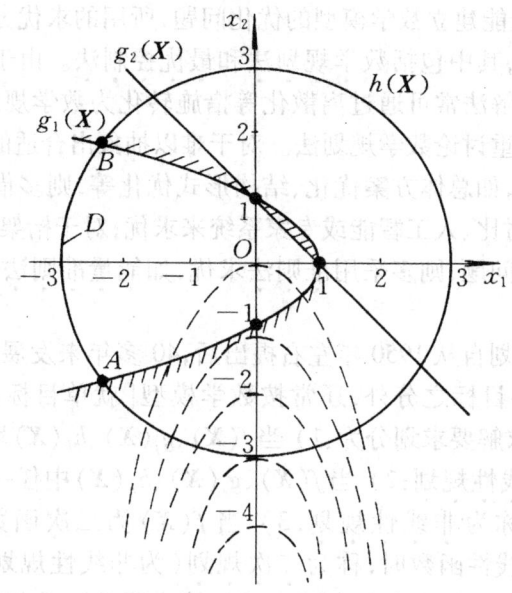

图 E.2 二维约束优化问题的几何描述之二

1. 按目标函数多少,可分为单目标优化方法和多目标优化方法。

2. 按所能求解的问题的维数,可分为一维优化方法(也称一维搜索)和多维优化方法。

3. 按所能求解的问题有无约束,可分为约束优化方法和无约束优化方法。

4. 按求优的途径,可分为:1)利用函数的已有信息及再生信息进行试探及迭代求优的数值法(也称直接法);2)利用函数性态通过微分或变分求优的解析法(也称间接法);3)利用作图求优的图解法(主要用于不超过二维的优化问题);4)利用实验数据的变化过程求优的实验法(主要用于不能或不便建立数学模型的优化问题);5)对一些典型解进行综合对比、估计与选择的情况研究法(主要用于粗略优化或可按"次优解"终结的场合)。

5. 对于能建立数学模型的优化问题,所用的求优方法统称为数学优化法,其中包括数学规划法和最优控制法。由于最优控制问题的数值解法常可通过离散化等措施转化为数学规划问题,所以一般只着重讨论数学规划法。对于难以抽象出合适的数学模型的优化问题,如总体方案优化、结构形式优化等,则多借助于经验推理、方案对比、人工智能或专家系统来求优;对于桁架、框架等类的结构优化问题,则多采用准则法求优,如能量准则法、满应力准则法等。

数学规划自从1950年左右提出后,40多年来发展迅速,除有单目标与多目标之分外,还常按数学模型[就单目标而言,见式(E.7)]或求解要求划分为:1) 当$f(X)$、$g_j(X)$、$h_k(X)$均为线性函数时,称为线性规划;2) 当$f(X)$、$g_j(X)$、$h_k(X)$中任一式为非线性函数时,称为非线性规划;3) 当$f(X)$为二次函数,$g_j(X)$、$h_k(X)$均为线性函数时,称为二次规划(为非线性规划的特例);4) 当$f(X)$、$g_j(X)$为广义多项式,用"算术平均-几何平均定理"求优时,称为几何规划;5) 当$f(X)$中的变量多与速度或时间有关,需经机械系统中多阶段的决策过程求优时,称为动态规划;6) 当$f(X)$为凸函数,约束条件为凹函数时,称为凸(性)规划;7) 当$f(X)$中某个或某些变量只能取为整数时,称为整数规划;如只能取为0或1时,称为0-1规划;如只能取为离散值时,称为离散规划;8) 当$f(X)$中变量取值的影响因素带有某些不确定性,需用模糊数学处理时,称为模糊规划;利用根据优胜劣汰原理建立起来的遗传算法求优时,称为遗传规划。另外,还有一些针对不同情况给出的不同名称。

常用的优化方法很多,一维优化方法中如黄金分割(0.618)法、菲邦纳契法、二次(或三次)插值法等;多维优化方法中如表E.1和表E.2所列,它们的算法特点及适用场合亦简述于该二表中,略供选择时参考。

表 E.1　常用无约束优化方法的对比

方　法	算　法　特　点	适用场合
坐标轮换法	最简单的直接法之一,只需计算函数值,无需求导,使用时准备工作少,占用内存少。但计算效率低,可靠性差	用于维数较低($n<5$)或目标函数不可导或不易求导的情况
单纯形法	此法简单,直观,属直接法之一。上机计算过程中,占用内存少,规则单纯形法终止条件简单,而不规则单纯形法终止条件复杂,应注意选择,才可能保证计算的可靠性	可用于维数高的目标函数,其它条件同上
共轭方向法	一种基本方法,属直接法之一,具有直接法的共同优点,且收敛速度较快,可靠性也较好,占用内存量也少,较为有效	适用于维数较高的目标函数
梯度法	属解析法之一。方法简单,但要计算一阶偏导数,可靠性较好,能稳定地使函数下降,但收敛速度较慢,尤其是在极值点附近时更为严重	适用于精度要求不高,或用于对复杂函数寻找一个好的初始点
牛顿法	属解析法之一。需计算一、二阶偏导数和海仙矩阵的逆阵,准备工作量大,算法复杂,占用内存量大。此法具有二次收敛性,在一定条件下其收敛速度快,要求迭代点的海仙矩阵必须非奇异且定型(正定或负定)。对初始点要求较高,可靠性较差	目标函数存在一、二阶偏导数,且维数不宜太高
DFP法	共轭方向法之一,属解析法。具有二次收敛性,收敛速度快。大量实践证明,其可靠性较好,只需计算一阶偏导数,对初始点要求不高,优于牛顿法。因此,目前认为此法是最有效的方法之一,但需内存量大,对维数很高的问题不太适宜	适用于维数较高的目标函数($n=10\sim50$),且具有一阶偏导数

表 E.2 常用约束优化方法的对比

方 法	算 法 特 点	适用场合
约束坐标轮换法	由可行点出发,分别沿各坐标轴方向以加速步长法进行搜索,使每个搜索点在可行域内,且使目标函数值逐次下降	可用于求解只含不等式约束,且维数较低($n<5$),目标函数的二次性较强的优化问题
网格法	在设计变量的边界约束内,将各区间进行分割,然后逐次对各个网格点进行可行性检查,求得目标函数值最小的可行点	可用于求解只含等式约束和边界约束,且维数低,以及有离散设计变量的优化问题
复合形法	在可行域内构造一个具有 K 个顶点的复合形,然后对复合形进行映射变化,逐次去掉目标函数值最大的顶点	可用于求解含不等式约束和边界约束的低维优化问题
外点罚函数法	将约束优化问题转化为一系列无约束优化问题。初始点可以任选,罚因子应取为单调递增数列。初始罚因子及递增系数应取适当的较大值	可用于求解含有等式约束或不等式约束的中等维数的约束优化问题
内点罚函数法	将约束优化问题转化为一系列无约束优化问题。初始点应取为严格满足各个不等式约束的内点,罚因子应取为单调递减的正数序列。初始罚因子选择恰当与否对收敛速度和求解成败有较大影响	可用于求解只含有不等式约束的中等维数约束优化问题
混合罚函数法	将约束优化问题转化为一系列无约束优化问题。用内点形式的混合罚函数时,初始点及罚因子的取法同上;用外点形式的混合罚函数时,则初始点可任选,罚因子取法同外点法	可用于求解既有等式约束又有不等式约束的中等维数的约束优化问题

至于多目标数学规划,除可作上述分类外,常用的优化方法有主目标法、线性加权和法、分层序列法、理想点法、乘除法、功效系数法、综合对比法、割面法、协调法、极小-极大法、ε-约束法、合适等约束法、多目标单纯形法、权空间交互法等等,这里不作一一

介绍,需了解时可查阅有关资料。

五、机械优化设计的一般步骤

机械优化设计中大多是多变量、非线性的约束优化问题,解题的一般步骤是:

1. 分析机械优化设计问题,建立合用的数学模型

首先是分析设计对象(零件、机构、部件、系统、整机等)的具体情况和要求,确定出设计内容、设计准则、已知条件、设计变量、约束条件、优化目标、计算精度等,然后经过正确地组织与抽象而转化为数学问题,初步建立起优化设计的数学模型,再经仔细加工,得出合用的数学模型。

2. 选择优化方法,进行编程解算

针对数学模型的特点(目标函数的维数、非线性程度、约束情况、求解难度等)、精度要求及求解思路等,选择合用的优化方法。选择优化方法的一般原则是:1)求解的成功率高;2)计算工作量小,求解速度高(收敛快);3)逻辑结构简单,计算程序不太复杂,占用计算机内存少;4)数值稳定性好,计算精度高;5)对函数性态的限制少,对约束满足的程度高。

为了能够较合理地选择优化方法,应深入了解常用优化方法的基本原理、算法程序的结构及特点。常用优化方法的计算机程序可参看我国已研制出的"常用优化方法程序库"和"常用机械零件优化设计程序库"。

3. 方案评价与决策

检查与评价优化方案是否合理,得出的优化参数是否需作必要的调整或圆整,是否适合现实的生产条件,方案是否为全局最优解(注意工程实际中有时允许采用局部最优解或次优解)等,这是优化设计中极为重要的环节。作为一个设计工作者,决不应完全排除计算机输出不合理、甚至荒谬结果的可能性,而要用敏锐的工程洞察力去分析判断优化方案,最终作出最适当的决策。

由上可知,机械优化设计的一般步骤可概括为图 E.3 所示的

流程。下面用一个很简单的例题对优化设计步骤略加说明。

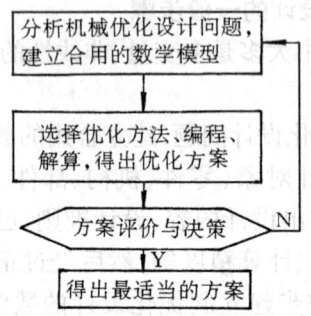

图 E.3 机械优化设计的流程

例题 E.1 设计一个用薄钢板(厚度可忽略不计)制做的无盖的圆形油池,容量(含预留的油面以上空间)为 10.8 L(10 800 cm³);因安装空间限制,油池高度不得超过 15.3 cm。试求油池用料最少的设计方案。

[**解**] 1. 分析设计问题,建立优化设计的数学模型

设油池直径 $d = x_1$,高度 $h = x_2$,则数学模型为

$$\min f(X) = \frac{\pi}{4}x_1^2 + \pi x_1 x_2 \quad X \in D \subset E^2 \quad (a)$$

$$\text{s.t.} \ g(X) = 15.3 - x_2 \geqslant 0 \quad (b)$$

$$h(X) = \frac{\pi}{4}x_1^2 \cdot x_2 = 10\ 800 \quad (c)$$

$$x_1, x_2 > 0 \quad (或写为 x_i > 0, i = 1,2) \quad (d)$$

式(a)为目标函数,表示使油池用料面积极小化;式(b)表示油池高度受到的不等式约束;式(c)表示对油池容量的等式约束(这里反映出对于设计变量之间内部关系的约束,常称为内约束),由这个等式约束即可消去一个变量,所以相当于本题只有一个变量;式(d)是对工程实际中一些变量的基本约束,即 d 和 h 都不可能为零或负值,虽然式(d)也是不等式约束,不过为了简化,通常只在

数学模型最后统一加以表示。

2. 解题运算

因本题非常简单(仅为说明问题),勿需选择优化方法、编程上机,只需由式(b)取等式得出 $x_2=15.3$,代入式(c)得

$$x_1^2 = \frac{4 \times 10\ 800}{\pi \times 15.3} \approx 900 \text{ cm}^2,\text{于是得 } x_1 = 30 \text{ cm}, x_2 = 15.3 \text{ cm}$$

此外,本题也不用多加分析即可判明最适当的方案为:$d = x_1^* = 30$ cm, $h = x_2^* = 15.3$ cm,用料面积为 $f^* = 2\ 148.85$ cm$^2 \approx 0.215$ m^2(实际用料应根据制做方法占用的边脚料面积再酌情加大)。

E.2 机械可靠性设计简介

一、概述

在常规的机械设计方法中,一般是根据许用应力是否大于或等于工作应力(或计算安全系数是否大于或等于设计安全系数)来判断零件设计的成败的,也就是把一些设计变量(如零件的载荷、应力、材料的机械性能、结构的线性尺寸等)当作常量来看待的。然而事实上它们都是在一定范围内取值并服从某种概率密度分布规律的随机变量。因此,笼统地说这个零件是安全的或那个机械系统是可靠的,都带有明显的模糊性或盲目性,甚至是一个危险的判断。

关于可靠性的概念,已在教材的§2-3中作了介绍。

机械可靠性设计(或概率设计),就是将常规设计中视为常量的设计参数如实地作为随机变量对待,把概率统计理论运用到机械设计中来,按照零、部件或机械系统应有的定量的可靠程度来设计它们。为此,引入了可靠度作为可靠性的概率量度。可靠度的定义已在教材的§2-5中给出,也可以这样说:所谓零、部件或机械系统的可靠度,就是它们各自在规定的工作条件下和规定的工

作时间(寿命)内,无故障地完成规定功能的能力(或概率)。这个定义也称为可靠度的"三规定一能力"定义。

在可靠性设计中,对于每个零、部件和机械系统,都根据具体情况明确规定出一个可靠度作为其可靠性的定量指标。例如滚动轴承,在不提出特别要求的可靠度时,选择轴承的可靠度指标均为可靠度 $R=0.90$(或累计失效概率 $F=0.10$);齿轮传动强度的可靠度指标为 $R=0.99$(或 $F=0.01$)。显然,在相同的工作条件下,R 和 F 都是时间 t 的函数,且 $R(t)+F(t)=1$。

综上可知,机械可靠性设计的特点是:1)把零、部件和机械系统的设计变量如实地作为随机变量,把它们的工作过程如实地作为一个随机过程来对待;2)明确指出它们都存在着失效的可能性,但是必须按照它们的可靠度分别满足技术要求的可靠度来建立设计准则。

二、随机变量的分布密度函数及其数学模型

在可靠性设计中,随机变量的分布密度(分布规律),常利用函数式(理论推导出的计算公式或由大量实验数据拟合出的经验公式)进行形象化地描述,这些公式称为随机变量分布密度函数的数学模型。机械可靠性设计常用的随机变量分布密度函数:对连续随机变量有正态分布、韦布尔分布、对数正态分布、指数分布、瑞利分布等;对离散变量有二项分布、泊松分布等。下面主要对应用甚广的正态分布和韦布尔分布略作介绍。

1. 正态分布

正态分布(高斯分布)是随机变量最典型的连续分布规律,很多自然现象和事物的变化特性大都遵循这种分布规律,因而它也是可靠性设计中应用最广的分布规律,正态分布曲线见图 E.4。现以总体分布的均值 μ 和标准(离)差 σ 为参数,则随机变量 x 的分布密度函数表达式为

$$p(x) = \frac{1}{\sigma\sqrt{2\pi}}\exp\left[-\frac{1}{2}\left(\frac{x-\mu}{\sigma}\right)^2\right] \quad \begin{array}{c} -\infty < x < +\infty \\ \sigma > 0 \end{array}$$

(E.8)

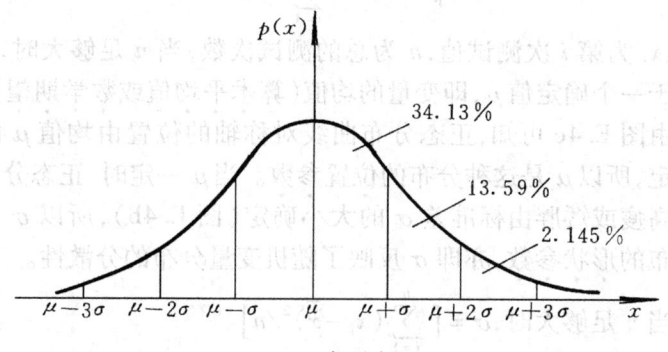

a) 一般形式

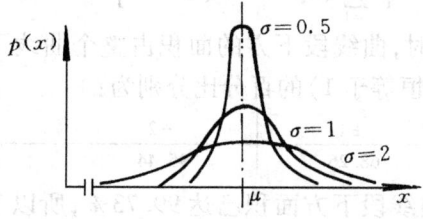

b) 标准差不同时

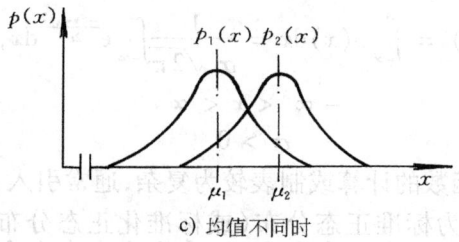

c) 均值不同时

图 E.4 正态分布曲线

这个函数在 $x-p(x)$ 坐标平面上的图象为一些对称曲线(图 E.4b),在均值 μ 处,$p(x)$ 值最大,均值 μ 可以表示为

$$\mu = \bar{x} = \sum_{i=1}^{n} x_i/n$$

式中：x_i 为第 i 次测试值，n 为总的测试次数，当 n 足够大时，$\bar{x}$ 将稳定于一个确定值 μ，即变量的均值（算术平均值或数学期望）。

由图 E.4c 可知，正态分布曲线对称轴的位置由均值 μ 的大小确定，所以 μ 是这种分布的位置参数。当 μ 一定时，正态分布曲线的高瘦或矮胖由标准差 σ 的大小确定（图 E.4b），所以 σ 是这种分布的形状参数，亦即 σ 反映了随机变量分布的分散性。

当 n 足够大时，$\sigma = \left[\sum_{i=1}^{n}(x_i - \bar{x})^2/n\right]^{1/2}$

当 n 较小时，$\sigma = \left[\sum_{i=1}^{n}(x_i - \bar{x})^2/(n-1)\right]^{1/2}$

取不同的"$\pm\sigma$"值时，曲线段下方的面积占整个曲线下围成的总面积 A（图 E.4a，A 恒等于1）的百分比分别为：

σ	±1	±2	±3
$A/\%$	68.26	95.44	99.73

由于 $\sigma = \pm 3$ 时，曲线段下方面积已达 99.73%，所以工程中常取 3σ 来控制随机变量的偏差。

正态分布的累积分布函数为

$$F(x) = \int_{-\infty}^{x} p(x)\mathrm{d}x = \frac{1}{\sigma\sqrt{2\pi}}\int_{-\infty}^{x} e^{\frac{-(x-\mu)^2}{2\sigma^2}}\mathrm{d}x,$$
$$-\infty < x < \infty$$
$$\sigma > 0 \tag{E.9}$$

由于累积分布函数的计算或制表较为复杂，通常引入 $\mu = 0, \sigma = 1$ 的正态分布，称为标准正态分布（或标准化正态分布）。现对式（E.9）进行变量置换，令 $z = (x-\mu)/\sigma$，就把式（E.9）转化为标准正态分布的累积分布函数，记为 $\Phi(z)$，其表达式为

$$\Phi(z) = \frac{1}{\sqrt{2\pi}}\int_{-\infty}^{z} e^{\frac{-z^2}{2}}\mathrm{d}z \tag{E.10}$$

由此即可作出对应于不同 z 值时的 $\Phi(z)$ 值的数表,称为标准正态分布表或正态分布数值表,通过查用手册,即可方便地进行计算。

2. 韦布尔分布

韦布尔分布也是可靠性设计中应用甚广的一种分布规律,常用于金属材料疲劳强度的分布、零件寿命的分布和多元件串联的机械系统的可靠度计算等。

三参数的韦布尔分布的失效概率密度函数[①]为

$$f(t) = \frac{\beta}{\alpha}\left(\frac{t-\gamma}{\alpha}\right)^{\beta-1}\exp\left[-\left(\frac{t-\gamma}{\alpha}\right)^{\beta}\right]$$

$$\alpha > 0, \beta > 0, \gamma \leqslant t \tag{E.11}$$

式中:α 为尺度参数;β 为形状参数;γ 为位置参数。

函数 $f(t)$ 的图象见图 E.5。仅有 α 变化时,只影响分布曲线横向的伸展或收缩,其形状仍相类似(图 E.5a);仅有 β 变化时,则使分布曲线的形状发生显著变化(图 E.5b);仅有 γ 变化时,只使分布曲线沿 t 轴总体平移(图 E.5c)。γ 又称为起始参数,它表示在时间 t 开始前,产品是完好无疵的,即产品具有 100% 的可靠度(或存活率)。当 $\gamma=0$ 时(即曲线从原点 0 开始),三参数韦布尔分布即退化为二参数韦布尔分布(常用于工程实际),其失效概率密度函数当可用 $\gamma=0$ 代入式(E.11)而得到,即

$$f(t) = \frac{\beta}{\alpha}\left(\frac{t}{\alpha}\right)^{\beta-1}\exp\left[-\left(\frac{t}{\alpha}\right)^{\beta}\right] \tag{E.12}$$

求服从韦布尔分布的某种特性(如零件寿命)的可靠度函数 $R(t)$ 时,可先求出其累计失效分布函数 $F(t)$,再由 $1-F(t)$ 求出 $R(t)$。现令式(E.11)中的 $\left(\dfrac{t-\gamma}{\alpha}\right)^{\beta}=y$,则

$$\begin{aligned}F(t) &= \int_{\gamma}^{t} f(t)\,\mathrm{d}t = \int_{\gamma}^{t}\left[\frac{\beta}{\alpha}\left(\frac{t-\gamma}{\alpha}\right)^{\beta-1}\mathrm{e}^{-\left(\frac{t-\gamma}{\alpha}\right)^{\beta}}\right]\mathrm{d}t\\ &= \int_{0}^{\left(\frac{t-\gamma}{\alpha}\right)^{\beta}}\mathrm{e}^{-y}\,\mathrm{d}y = 1 - \mathrm{e}^{-\left(\frac{t-\gamma}{\alpha}\right)^{\beta}}\end{aligned} \tag{E.13}$$

[①] 注意下面给出的是时间 t 的函数,与式(E.8)的含义不同。

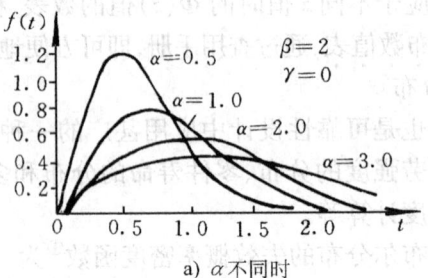

a) α 不同时

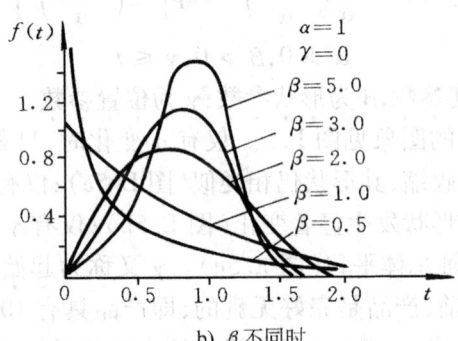

b) β 不同时

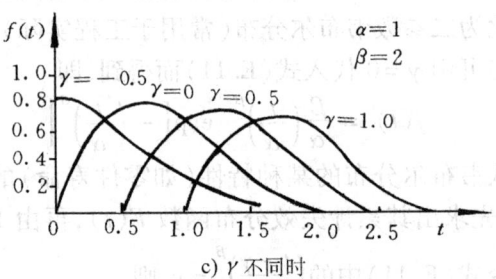

c) γ 不同时

图 E.5　韦布尔分布曲线

$$R(t) = 1 - F(t) = e^{-(\frac{t-\gamma}{\alpha})^{\beta}} \quad (E.14)$$

三、应力－强度干涉模型及其应用

在机械零件强度、刚度、寿命等的可靠性设计中，如果把引起零件失效的一些随机变量(如载荷、应力等)统视为应力 l,其分布密度函数表示为 $p(l)$,同时把与零件本身抵抗失效的能力有关的一些随机变量(如材料的极限应力、零件的截面面积及惯性矩等)统视为强度 s,其分布密度函数表示为 $p(s)$,且 $p(l)$ 与 $p(s)$ 取同一单位,则由图 E.6 可知,如果两条曲线下的面积无重叠部分时,即零件的工作应力总是小于它的强度,或累计失效概率 $F=0$;当二者有如图所示的重叠部分时,则 $F>0$ 或 $R<1$,即零件存在着失效的概率。这种图象称为应力-强度干涉模型,重叠部分的面积称为干涉区。此时零件的失效条件为 $s<l$ 或 $z=s-l<0$,则零件的失效概率 F 可表示为

$$F = F(s < l) \quad 或 \quad F = F(z < 0) \quad (\text{E.15})$$

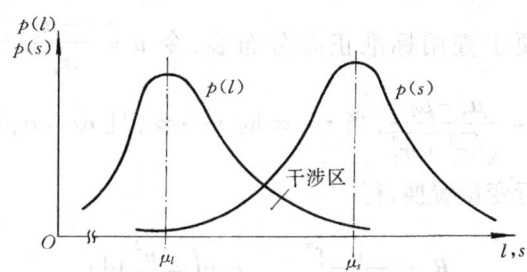

图 E.6 应力-强度干涉模型

在实际情况下,应力和强度可有各种不同的分布规律,它们的分布密度函数可有各种不同的表达式。现以应力和强度这两个随机变量都服从正态分布的最简单而又最典型的情况来进行讨论,则由概率论可知,两个正态分布的随机变量之差仍为一个正态分布的随机变量。所以 z 的均值 μ_z、标准差 σ_z 可分别表示为

$$\mu_z = \mu_s - \mu_l \quad (\text{E.16})$$

$$\sigma_z = \sqrt{\sigma_s^2 + \sigma_l^2} \quad (\text{E.17})$$

式中:μ_s,μ_l 分别为强度和应力的均值;σ_s,σ_l 分别为强度和应力的标准差。

再由式(E.8)可知 z 的分布密度函数 $p(z)$ 为

$$p(z) = \frac{1}{\sigma_z \sqrt{2\pi}} \exp\left[-\frac{(z-\mu_z)^2}{2\sigma_z}\right] \tag{E.18}$$

前已说明,$z<0$ 即表示失效,故零件的累计失效概率 F(图 E.6)即为

$$F = \int_{-\infty}^{0} p(z)\mathrm{d}z \tag{E.19}$$

则零件的可靠度为

$$R = 1 - F = \int_{0}^{\infty} p(z)\mathrm{d}z = \int_{0}^{\infty} \frac{1}{\sigma_z \sqrt{2\pi}} \exp\left[-\frac{(z-\mu_z)^2}{2\sigma_z}\right]\mathrm{d}z \tag{E.20}$$

为了便于查用标准正态分布表,令 $u = \dfrac{z - \mu_z}{\sigma_z}$,当 $z=0$ 时 $u = -\dfrac{\mu_z}{\sigma_z} = -\dfrac{\mu_s - \mu_l}{\sqrt{\sigma_s^2 + \sigma_l^2}}$,当 $z \to \infty$ 时 $u \to \infty$,且 $\mathrm{d}z = \sigma_z \mathrm{d}u$,代入式(E.20)进行变量置换,得

$$R = \frac{1}{\sqrt{2\pi}} \int_{-\frac{\mu_s - \mu_l}{\sqrt{\sigma_s^2 + \sigma_l^2}}}^{\infty} \exp\left(-\frac{u^2}{2}\right)\mathrm{d}u \tag{E.21}$$

上式表明 R 等于标准正态分布的随机变量 u 的概率分布积分函数的积分值,它取决于积分下限。于是

$$R = \phi\left(-\frac{\mu_s - \mu_l}{\sqrt{\sigma_s^2 + \sigma_l^2}}\right) \tag{E.22}$$

式中 ϕ 为标准正态分布随机变量的积分函数值,令

$$u_\mathrm{p} = -\frac{\mu_s - \mu_l}{\sqrt{\sigma_s^2 + \sigma_l^2}} \tag{E.23}$$

上式称为正态分布的联结方程,u_p 称为正态分布的分位数。对于应力-强度干涉模型来说,u_p 称为失效概率系数。

利用式(E.23)并借助于标准正态分布表,便可在已知 μ_s、μ_l、σ_s、σ_l 时求得强度及应力均服从正态分布的零件的可靠度;也可在已知规定的零件可靠度和 μ_s、μ_l、σ_s、σ_l 中任意三个的条件下求出其余一个的值。

四、安全系数与可靠度

在常规设计方法中,一般以计算安全系数 S_{ca} 大于 1 的程度来表示零件的安全程度。这里的 S_{ca} 通常是材料强度(极限应力)的均值与工作应力的均值之比,即 $S_{ca}=\dfrac{\mu_s}{\mu_l}$,$\mu_s$ 相当于从手册中查得的极限应力值,随着材料质量的优劣,标准差 σ_s 一般在 $(0.04\sim0.10)\mu_s$ 的范围内,材质越好则越接近于小值;应力当然也有它本身的分布规律。由图 E.6 可以看出,在 $S_{ca}=(\mu_s/\mu_l)>1$ 时,仍有可能出现失效,且失效概率随着 σ_s、σ_l 的增大而增大。

现仍用强度及应力均为正态分布的情况进行讨论。为了简明地表示出 S_{ca} 与可靠度 R 的关系,可以设想将工作应力增大 S_{ca} 倍,则由式(E.23)可得出与可靠度有一一对应关系的标准正态分布随机变量的分位数 u_p 的表达式:

$$u_p = -\frac{\mu_s - S_{ca}\mu_l}{\sqrt{\sigma_s^2 + \sigma_l^2}} \qquad (\text{E.}24)$$

于是得出

$$S_{ca} = (\mu_s + u_p\sqrt{\sigma_s^2 + \sigma_l^2})/\mu_l \qquad (\text{E.}25)$$

通过计算 u_p 值及查出标准正态分布表中对应的 $\phi(z)$ 值,并算出 R,即可明确安全系数与可靠度的关系(见下面的例题)。

例题 E.2 现有一批零件,其工作应力 l 及材料强度 s 均服从正态分布:$\mu_l=990$ MPa,$\sigma_l=30$ MPa,$\mu_s=1\,100$ MPa,$\sigma_s=50$ MPa,

试求零件的 S_{ca} 及对应的 R。

[解] 1. 按式(E.23)求出工作应力(即 $S_{ca}=1$)条件下的分位数 u_p,即

$$u_p = -\frac{\mu_s - \mu_l}{\sqrt{\sigma_s^2 + \sigma_l^2}} = -\frac{1\,100 - 990}{\sqrt{50^2 + 30^2}} = -1.886\,48$$

按此值(相当于 z 值)查标准正态分布表并经插值计算,得出 $\phi(z) \approx 0.030\,0$,则对应的 $R = 1 - \phi(z) = 1 - 0.030\,0 = 0.97$。

2. 按常规设计时的计算安全系数为

$$S_{ca} = \frac{\mu_s}{\mu_l} = \frac{1\,100}{990} = 1.11$$

3. 求零件在 $S_{ca} = 1.11$ 时对应的可靠度 R。其相应的分位数为

$$u_p = -\frac{\mu_s - S_{ca}\mu_l}{\sqrt{\sigma_s^2 - \sigma_l^2}} = -\frac{1\,100 - 1.11 \times 990}{\sqrt{50^2 + 30^2}} = 0$$

按此值(相当于 z 值)查标准正态分布表得对应的 $\phi(z) = 0.5$,即 $R = 1 - \phi(z) = 1 - 0.5 = 0.50$。

上述结果表明,只有 50% 零件的计算安全系数 S_{ca} 达到或超过 1.11,而有 50% 零件的 S_{ca} 是小于 1.11 的;有 97% 零件的 S_{ca} 达到或超过 1,而有 3% 零件的 S_{ca} 是小于 1 的。这就科学而定量地说明了,在常规设计中 $S_{ca} > 1$ 的条件下仍有零件失效的情况发生。

五、机械系统的可靠度

机械系统的可靠度由组成该系统的各个元件的可靠度和各元件在系统中的联接关系所决定。元件在基本系统中的联接关系不外乎串联和并联两种形式。

1. 串联系统

图 E.7 所示为由 n 个元件 x_1、x_2、$\cdots$、x_n 组成的串联系统,若其中任一元件失效,即会造成整个系统失效。设各元件的可靠

度分别为 R_1、R_2、$\cdots$、R_n，则由概率乘法定理可知，该系统的可靠度为

$$R_s = R_1 \cdot R_2 \cdot \cdots \cdot R_n = \prod_{i=1}^{n} R_i \quad (\text{E}.26)$$

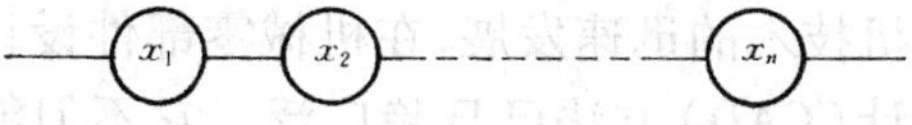

○—○— - - - —○
x_1 x_2 x_n

图 E.7　串联系统

2. 并联系统

图 E.8 所示为由元件 x_1、x_2、$\cdots$、x_n 组成的并联系统，仅当所有元件全部失效时，该系统才会失效。设各元件的失效概率分别为 F_1、F_2、$\cdots$、F_n，则该系统的累计失效概率为

$$F_p = F_1 \cdot F_2 \cdot \cdots \cdot F_n = \prod_{i=1}^{n} F_i = \prod_{i=1}^{n}(1 - R_i) \quad (\text{E}.27)$$

于是可得该系统的可靠度为

$$R_p = 1 - F_p = 1 - \prod_{i=1}^{n}(1 - R_i) \quad (\text{E}.28)$$

此外，当一个机械系统是由若干个基本系统组成的混合系统时，先串联而后并联（即由若干个图 E.7 并联）或先并联而后串联（即由若干个图 E.8 串联），不难依次运用上述公式最后求出整个系统的可靠度。

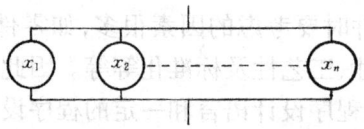

图 E.8　并联系统

当给定一个机械系统的可靠度要求时，自然也可根据重要性、经济性、可维修性及环境条件等，通过配置、计算或优化的方法，把系统的可靠度适当分配到各个基本系统和元件上去。

E.3 机械零件计算机辅助设计方法

一、概述

随着计算机技术的迅速发展,在机械零部件设计计算中引入计算机辅助设计(CAD)方法已日趋广泛。它不但能使工程技术人员摆脱繁琐的人工查阅大量数据、图表,手工计算和绘图等工作,而且能大大缩短设计周期,优化设计结果,提高设计质量。同时,它也是培养学生增强设计能力的重要手段。因为通过编写设计计算程序和输入各种参数、表格、曲线以及对几种设计方案的分析对比与决策的处理过程,可使学生对机械零件设计中的方案选择、设计步骤、参数选择等方面达到更深的了解,并获得更佳的计算结果。本书编入这一部分的目的,就是为了帮助学生掌握运用计算机进行机械零件设计计算的方法。需要指出的是,这部分内容仅仅是针对引导学生介入CAD,更深入地运用CAD解决机械设计问题还应参看本书G.2介绍的有关文献。

下面扼要阐明编写机械零部件设计计算程序时的注意事项及一般步骤,并以一个带式输送机传动系统为对象,介绍其主要零部件设计计算程序的编写方法。至于计算机绘图,由于和具体使用的软件有较大的关系,因而只作一些简要的说明。

二、编写机械零件设计计算程序的注意事项

设计机械零件时要考虑的因素很多,如零件的强度、刚度、寿命、材料、结构尺寸、工艺性及标准化等等。因此,在编写设计计算程序前,除应掌握程序设计语言和一定的程序设计技巧外,还应对机械零件的设计计算有较深入的了解,并注意以下几点:

1. 明确机械零件设计计算的特点

1)在不同的已知条件下设计同一个零件时,其设计计算步骤也就不同。例如根据轴承受力选择轴承型号与按轴颈尺寸选择轴承型号时的计算步骤就显然不同。

2）在设计计算机械零件时，用到的系数很多，如设计齿轮传动时所用的系数就有近 20 个，为了确定这些系数，在计算时要查找大量的数表或图线。

3）对有些参数和零件要按标准选择，如齿轮的模数、V 带的型号及基准长度、滚动轴承、螺纹联接件的选择等，因此要将这些标准数据贮存到计算机中去，这时可采用数据库的形式，也可采用数据文件。

4）在设计计算时如有两个以上的未知数，则往往要预先估取一个数值，待计算出结果后再进行验算，如与原估取的数值相差太多，则需要重算。这种情况在齿轮传动、蜗杆传动的设计及滚动轴承选择等的计算中都能遇到。

2. 确定机械零件设计计算方法

由于教材受篇幅所限且要适合教学，因而对许多零件的设计计算都进行了不同程度的简化。而利用计算机进行机械零件的辅助设计时，为了获得更精确、更全面、更合理的设计结果，可以采用一些更精确的计算方法。例如齿轮传动的强度计算可以用教材中的简化计算方法，也可用有限元法进行齿面接触应力和齿根弯曲应力计算；又如齿轮传动的参数可以通过强度计算准则来确定，也可以用优化方法进行选择。在确定了计算方法后，还应注意收集与该方法相关的一些技术资料。

3. 确定程序的适用范围及功能要求

程序的适用范围不同或功能要求不同，对程序的复杂程度影响很大。例如要编写一个斜齿圆柱齿轮传动的设计计算程序，要求其适用范围为任意精度、任意材料及热处理方法，可变位也可不变位。这样的程序就比编制一个只适用于 8 级精度、软齿面、标准斜齿圆柱齿轮传动的设计计算程序要复杂得多。

三、编写机械零件设计计算程序的一般步骤

1. 建立数学模型

机械零部件按常规方法设计时，教材已经给出现成的数学模型,但采用计算机辅助设计时,需重新建立适合于计算机使用的数学模型,以便根据这个数学模型来编制相应的设计计算程序。

2. 数表和图线程序化

常见的数表和图线必须经过按照计算机能够接受的方式加以改编后,才能输入计算机。那么,采用什么方法和技巧把数表和图线加以改编并输入计算机,又怎样通过程序把所需要的资料准确、方便地检索出来以供设计使用,这就要解决数表和图线的程序化问题。由于这个问题比较复杂,后面将专门加以说明。

3. 设计程序框图

对于复杂的问题,在编程之前应先画出程序框图,使设计思路和设计过程能直观地表示出来,帮助分析及理顺各设计步骤间的关系,从而为编制源程序打好基础。

4. 编制源程序

按程序框图编程时,要给程序中用到的所有变量都规定好程序变量名。程序变量名应避免冗长,力求简洁,且有规律,便于由符号辨识其含义,尽量使用惯用的符号。为便于对照,在编写程序说明中,应将计算变量名与程序变量名的对应关系列表说明。另外,要采用适当的算法语言进行编程。例如,用 FORTRAN 语言可发挥其计算功能强的特长;采用 C 语言可发挥其计算、绘图等系统设计功能强的特长等(本节程序均用 C 语言编写)。

5. 调试并修改程序

将编写好的程序上机调试,并在调试过程中进行适当修改,直到调通为止。

6. 运算并进行结果分析

若设计计算结果合适,即可结束计算;否则,就要分析原因,修改程序,重新运算,以便获得合适的计算结果。

四、数表和图线的程序化

设计机械零部件时,需要从大量的数表和图线中查取有关的数据。因此,进行计算机辅助设计前,必须先将数表和图线按一定方式加以程序化,以便输入计算机。一般情况下,数表可以用数组形式输入或用计算机语言编制成能在屏幕上显示的形式,对于一些标准数据或大型的数表还可采用数据库形式;对于图线往往采用将其转换成数表形式,然后用数表的输入方法进行输入,或者先进行曲线拟合,得到拟合公式,然后直接写入程序中。

1. 数表的程序化

1) 数表的分类

根据参数间的相互关系不同,数表大致可分两类:

a) 参数间无任何联系的数表。即整个表格只是一批数据的集合,这种数表称为纯数表,例如表 E.3 和表 E.4。

表 E.3 蜗杆模数 m 及直径 d_1

m	1	1.6	2	2.5	3.15	4	5	6.3	8
d_1	18	20	22.4	28	35.5	40	50	63	80

表 E.4 V 带轮最小基准直径 d_{dmin}

带型	Y	Z	A	B	C	D	E
d_{dmin}	20	50	75	125	200	355	500

b) 参数间存在某种关系的数表。它不但是一批数据的集合,而且各数据间反映了某种连续的规律性,可以用函数的形式表达。这种数表称为函数数表。例如表 E.5 和 E.6。

表 E.5 小带轮包角修正系数 K_α

小轮包角 $\alpha_1/(°)$	180	175	170	165	160	155	150	145	140	135	130	125	120
K_α	1	0.99	0.98	0.96	0.95	0.93	0.92	0.91	0.89	0.88	0.86	0.84	0.82

表 E.6 滚动轴承温度系数 f_t

轴承工作温度 $t/℃$	125	150	175	200	225	250	300	350
温度系数 f_t	0.95	0.90	0.85	0.80	0.75	0.70	0.60	0.50

2) 数表的输入

对于纯数表常用数组形式输入,而对于函数数表,既可以用数组形式输入,也可以先将其还原为原来的公式或拟合成某种关系式,然后直接写入程序中,从而减少计算机输入时间。下面以数组方式输入为例,说明数表的输入方法。

例如对表 E.6,用程序变量名 bt 代替轴承工作温度 t,用 ft 代替温度系数 f_t,编程如下:

……

float　　bt[8] = {125.0,150.0,175.0,200.0,225.0,250.0,300.0,350.0};

float　　ft[8] = {0.95,0.90,0.85,0.80,0.75,0.70,0.60,0.50};

……

对于比较复杂的数表,有时就要用二维或二维以上的数组表示。例如表 E.7(本表仅为举例用,形式已简化,数据也不全)。

表 E.7　普通 V 带传动工作情况系数 K_A

工作机 载荷性质	工作机举例	原动机—交流电动机		
		每天工作时间/h		
		≤10	10~16	>16
载荷变动微小	液体搅拌机、通风机和鼓风机(≤7.5kW)	1.0	1.1	1.2
载荷变动较小	带式输送机、通风机(>7.5kW)等	1.1	1.2	1.3
载荷变动较大	制砖机、斗式提升机、往复式水泵等	1.2	1.3	1.4
载荷变动很大	破碎机、磨碎机等	1.3	1.4	1.5

将表 E.7 程序化时,用二维数组 a[4][3] 表示工作情况系数 K_A,其输入程序如下:

……

float　　a[4][3] = {{1.0,1.1,1.2},{1.1,1.2,1.3},
　　　　　　　　　　{1.2,1.3,1.4},{1.3,1.4,1.5}};

3）数表的检索

采用以数组形式输入计算机的数表,可采用直接检索法或函数插值法来进行。对纯数表采用直接检索的方法,即给定数组的下标,在程序中直接引入数组元素即可。对于函数数表的检索,除需要以上形式的引用外,还需配有函数插值程序,以满足检索数表中两数据之间的函数值的需要。在机械零部件设计计算中,常用的插值方法为线性插值和抛物线插值。下面以表 E.7 为例,给出检索该表的程序段。数组 a[4][3] 的第一下标变量 i 标识相应的工作机的载荷性质,如 i=0,标识工作载荷变动微小;i=1,标识载荷变动较小,……。数组的另一下标变量 j 标识原动机、工作机每天的工作时间,如 j=0,标识每天工作少于或等于 10h;j=1,标识每天工作 10~16h,……。

```
float ka(float xi,float xj)
{
    int i,j;
    float  di[4] = {1.0,2.0,3.0,4.0};
    float  dj[3] = {1.0,2.0,3.0};
    float  a[4][3] = {{1.0,1.1,1.2},{1.1,1.2,1.3},
                     {1.2,1.3,1.4},{1.3,1.4,1.5}};
    for(i = 0;i < 4;i + +)
       if(xi = = di[i])
         for(j = 0;j < 3;j + +)
            if(xj = = dj[j])
              return(a[i][j]);
}
```

当已确定工作机载荷性质及每天工作时间(即已知 i 值和 j 值),要选用工作情况系数 K_A(即检索 kav 值),加一调用语句:

$$kav = ka(xi,xj);$$

便可获得所需 K_A 值并用于计算,其中 xi 可取为 1.0,2.0,3.0, 4.0,对应不同的载荷性质,xj 可取为 1.0,2.0,3.0,对应不同的工作时间。

2. 图线的程序化

由于计算机内一般不能直接输入曲线图形,因而输入图线时必须将其转换成相应的数据或公式。常用的转换方式有:

1) 如图线能用方程式表示,则只要将方程式用数学表达式直接写入程序中即可。

2) 将图线转换成数表,然后按数表输入的办法将图线输入计算机。

图 E.9 表示当变位系数 $x = 0$ 时,渐开线齿轮的当量齿数 z_v 和齿形系数 Y_{Fa} 之间的关系曲线。为了输入该曲线,先要将曲线转换成一个数表。表 E.8 即为转换后的数表(用变量名 zv 代表当量齿数 z_v,用 yfa 代表齿形系数 Y_{Fa})。

然后可用表格输入的方法将转换后的数表输入计算机。

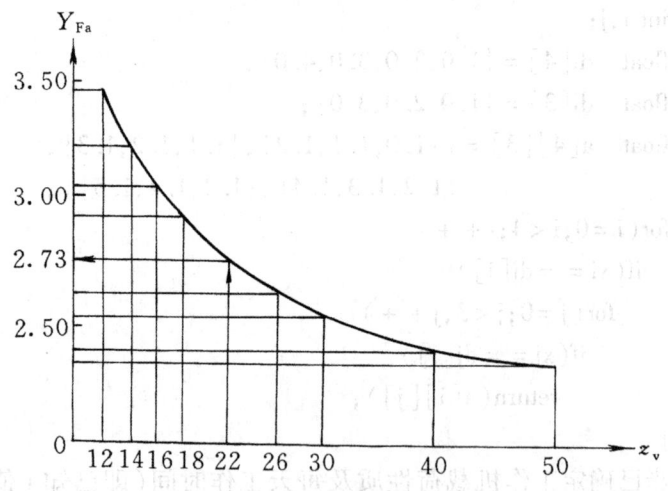

图 E.9 齿形系数 $Y_{Fa}(x=0)$

表 E.8　渐开线齿轮的当量齿数和齿形系数的关系

序号 n	0	1	2	3	4	5	6	7	8
当量齿数 zv[n]	12	14	16	18	22	26	30	40	50
齿形系数 yfa[n]	3.48	3.22	3.05	2.91	2.73	2.60	2.52	2.40	2.32

3) 用曲线拟合的方法将图线拟合成公式。常用的曲线拟合方法有多项式拟合、B 样条拟合等。下面简要介绍多项式拟合中常用的最小二乘拟合法的基本原理以及其编程框图。

设用 $P_m(x) = a_1 + a_2 x + a_3 x^2 + \cdots + a_{m+1} x^m$ 来拟合一组已知数据 $(x_i, y_i), i = 1, 2, \cdots, n$,且使 $m \ll n$。要求在结点处的偏差的平方和 $\delta = \sum_{i=1}^{n} [P_m(x_i) - y_i]^2 = F(a_1, a_2, \cdots, a_{m+1})$ 最小。要使 δ 为最小,必须有

$$\frac{\partial F(a_1, a_2, \cdots, a_{m+1})}{\partial a_j} = 2 \sum_{i=1}^{n} [P_m(x_i) - y_i] x_i^{j-1} = 0$$

$$(j = 1, 2, \cdots, m+1)$$

于是得到线性方程组

$$a_1 \sum_{i=1}^{n} x_i^{j-1} + a_2 \sum_{i=1}^{n} x_i^{j} + \cdots + a_{m+1} \sum_{i=1}^{n} x_i^{j+m-1} = \sum_{i=1}^{n} x_i^{j-1} \cdot y_i$$

$$(j = 1, 2, \cdots, m+1) \quad (E.29)$$

若令 $s_j = \sum_{i=1}^{n} x_i^{j-1}, t_j = \sum_{i=1}^{n} y_i x_i^{j-1} (j = 1, 2, \cdots, m+1)$

式(E.29)可写为

$$\begin{cases} s_1 a_1 + s_2 a_2 + \cdots + s_{m+1} a_{m+1} = t_1 \\ s_2 a_1 + s_3 a_2 + \cdots + s_{m+2} a_{m+1} = t_2 \\ \vdots \\ s_{m+1} a_1 + s_{m+2} a_2 + \cdots + s_{2m+1} a_{m+1} = t_{m+1} \end{cases} \quad (E.30)$$

解此线性方程组,得出唯一解 $a_1, a_2, \cdots, a_{m+1}$ 后,将其代入 $P_m(x)$ 中即得与原曲线各结点处偏差平方和最小时的拟合曲线。

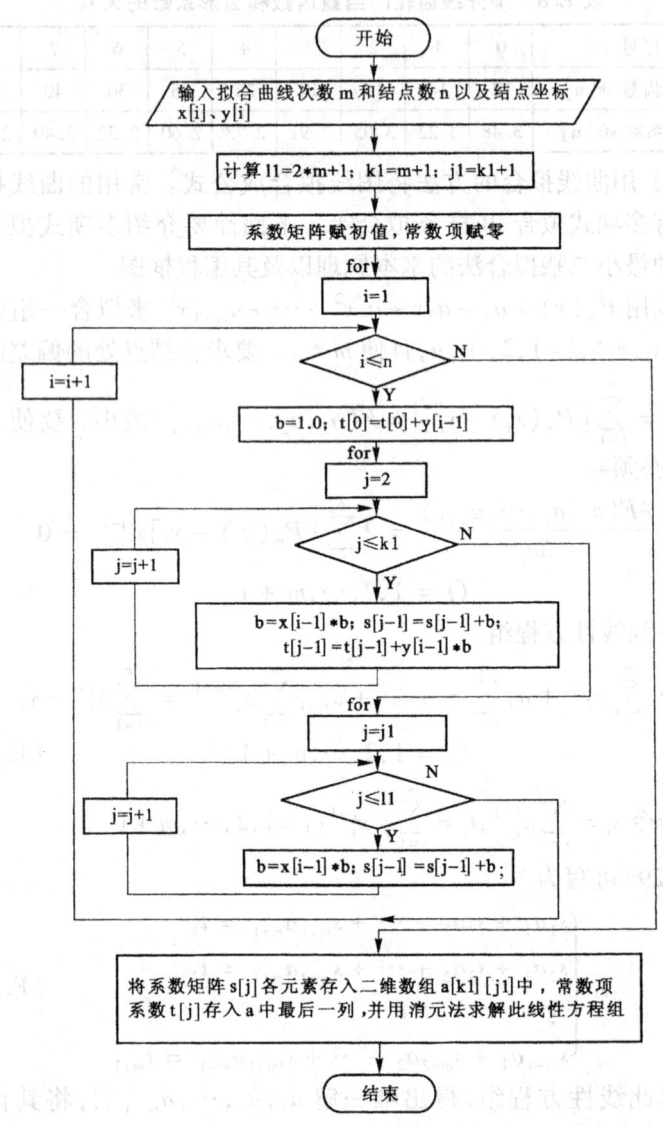

图 E.10 最小二乘拟合法计算程序框图

最小二乘拟合法程序框图如图 E.10 所示。

五、减速器主要零部件设计计算程序的编写方法

减速器的设计包括了许多典型零部件的设计计算,特别是作为一个传动系统,如何从系统的角度考虑各零件的设计计算问题,对培养学生系统设计的能力会有很大帮助。因此,本节以带式输送机中的减速传动装置为例(传动系统运动简图见图 E.11),介绍其计算机辅助设计的方法以及主要零部件的设计计算程序的编制。

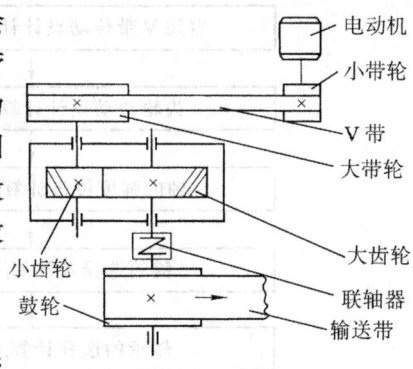

图 E.11 带式输送机传动系统运动简图

1. 设计计算程序的功能

针对图 E.11 所示传动系统进行计算机辅助设计时,设已知输送带要求的速度 v、工作拉力 F、鼓轮直径 D 或减速器输出轴转速 n 以及工况条件等。编写的设计计算程序应具有以下功能:

(1) 电动机型号确定及运动参数计算;

(2) 普通 V 带传动设计计算;

(3) 齿轮传动设计计算;

(4) 轴的强度校核计算;

(5) 键的选择及校核计算;

(6) 轴承的类型及型号选择计算。

各功能模块之间的关系如图 E.12 所示。

2. 电动机型号确定及运动参数计算程序的编制

(1) 程序"mca( )"的适用范围

本程序适用于电动机同步转速为 1 500 r/min 或 1 000 r/min,传动系统为普通 V 带传动和单级圆柱齿轮传动两级,齿轮精度 6~8 级。

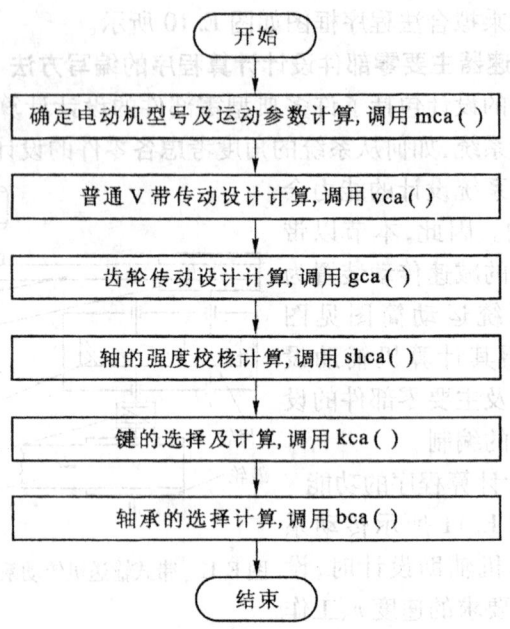

图 E.12 各程序模块间的关系

(2) 程序所用主要计算公式

工作机所需功率:

$$P_w = \frac{F_w \cdot v_w}{1000 \cdot \eta_w} \text{ 或 } P_w = \frac{T_w \cdot n_w}{1\,000 \cdot \eta_w} \quad (E.31)$$

轴上传递的转矩:

$$T = \frac{9\,550 \times 10^3 \cdot P}{n} \quad (E.32)$$

(3) 确定程序变量名

表 E.9 运动参数计算的程序变量名

名称	程序变量名	公式符号	单位	备注
工作机的阻力	fw	F_w	N	
工作机的线速度	vw	v_w	m/s	

表 E.9(完)

名称	程序变量名	公式符号	单位	备注
工作机的阻力矩	tw	T_w	N·m	
工作机轴的转速	nw	n_w	r/min	
工作机的传动效率	ataw	η_w		
鼓轮或链轮直径	dw	D_w	mm	
各级传动机构的效率	ata[j]	η_1、η_2、η_3		
工作机所需功率	pw	P_w	kW	
所需电动机功率	pm	P_m	kW	
电动机额定功率	p1	P	kW	
电动机满载转速	n1	n	r/min	
电动机输出轴直径	d1	D	mm	
系统总传动比	i	i		
V带传动传动比	ib(ibm)	i_b		ibm 为 V 带传动允许最大传动比
齿轮传动传动比	ig(igm)	i_g		igm 为齿轮传动允许最大传动比
系统各轴转速	nb,ng,nc	n_I,n_{II},n_{III}	r/min	
各轴输入功率	pb,pg,pc	P_I,P_{II},P_{III}	kW	
各轴的输入转矩	tb,tg,tc	T_I,T_{II},T_{III}	N·m	

(4) 运动参数计算程序框图

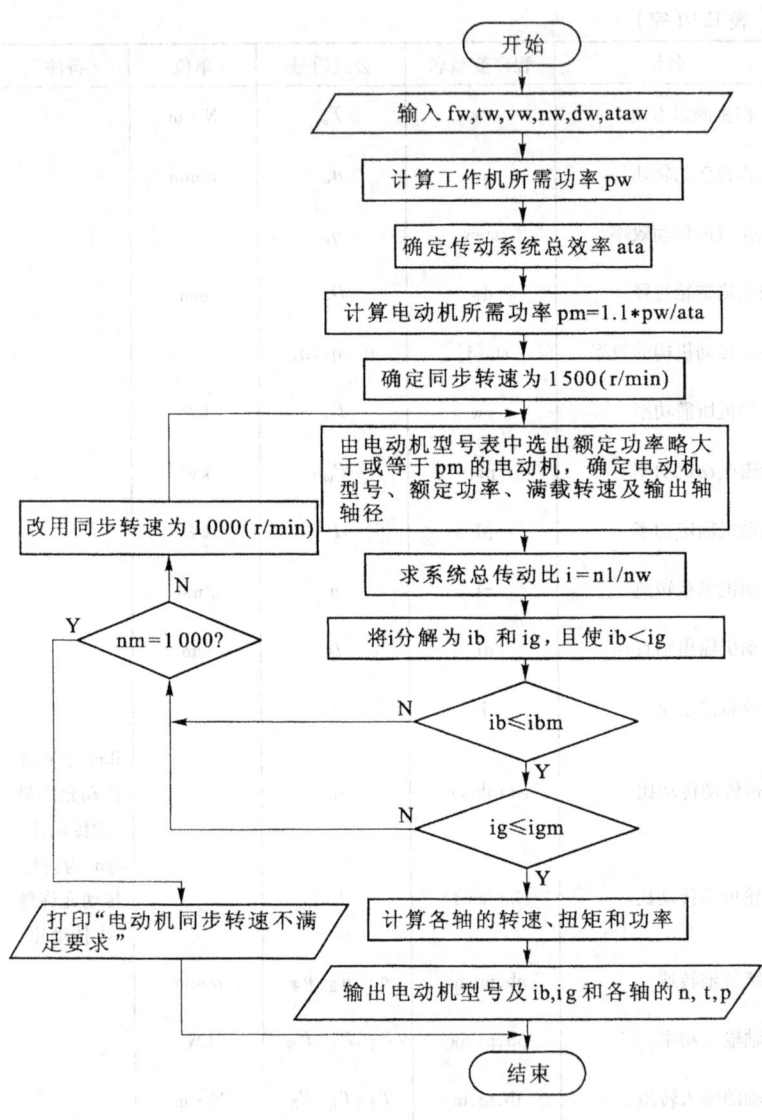

图 E.13 运动参数计算程序框图

(5) 较典型的程序段

下面给出同步转速为 1 500 r/min 的电动机型号选择程序段。

调用函数 fadong 可以按所需电动机功率 pm 的值,选择额定功率略大于 pm 的电动机型号、额定功率、满载转速和输出轴轴径。

```
struct ddj { char  a[10];
             float po;
             int   v;
             char  d[5];
}xh[13] = {{"Y801-4",0.55,1390,"19j6"},
           {"Y802-4",0.75,1390,"19j6"},
           {"Y90S-4",1.1,1400,"24j6"},
           {"Y90L-4",1.5,1400,"24j6"},
           {"Y100L1-4",2.2,1420,"28j6"},
           {"Y100L2-4",3.0,1420,"28j6"},
           {"Y112M-4",4.0,1440,"28j6"},
           {"Y132S-4",5.5,1440,"38k6"},
           {"Y132M-4",7.5,1440,"38k6"},
           {"Y160M-4",11.0,1460,"42k6"},
           {"Y160L-4",15.0,1460,"42k6"},
           {"Y180M-4",18.5,1470,"48k6"},
           {"Y180L-4",22.0,1470,"48k6"}};
fadong(float p)
{ int j;
  if(p>22.0)
  { printf("功率太大,无此型号的电动机! \n");
    exit(0);}
  else
  {
```

```
      if(p< =0.55)    j=0;
      else if(p>0.55&&p< =0.75)    j=1;
      else if(p>0.75&&p< =1.1)     j=2;
      else if(p>1.1&&p< =1.5)      j=3;
      else if(p>1.5&&p< =2.2)      j=4;
      else if(p>2.2&&p< =3.0)      j=5;
      else if(p>3.0&&p< =4.0)      j=6;
      else if(p>4.0&&p< =5.5)      j=7;
      else if(p>5.5&&p< =7.5)      j=8;
      else if(p>7.5&&p< =11.0)     j=9;
      else if(p>11.0&&p< =15.0)    j=10;
      else if(p>15.0&&p< =18.5)    j=11;
      else if(p>18.5&&p< =22.0)    j=12;
      printf("型号    额定功率 kW    转速 r/min    直径\n");
      printf("%S    %5.2f    %4d    %4S\n",
              xh[j].a,xh[j].p0;xh[j].v,xh[j].d);
    }
      return(j);
}
```

当已知 pm 时,可用如下语句调用:

```
……
i = fadong(pm);
p1 = xh[i].p0;
n1 = xh[i].v;
……
```

其中:i 为所选电动机序号,p1 为电动机额定功率,n1 为电动机满载转速。

3. 普通 V 带传动设计计算程序的编制

(1) 程序"vca( )"的适用范围

本程序适用于普通 V 带(基准宽度制)传动的设计计算。

(2) 数学模型的建立、数表和图线的公式化

a) 单根普通 V 带的基本额定功率 P_0(kW)的计算公式

$$P_0 = (C_1 v^{-0.09} - C_2/d_{d1} - C_3 v^2)v \quad (E.33)$$

式中系数 C_1、C_2、C_3 的数值是根据教材中 V 带的基本额定功率表拟合得到的,具体数值列于表 E.10 中。

b) 传动比 $i \neq 1$ 的额定功率增量 ΔP_0(kW)的计算公式

$$\Delta P_0 = K_b \cdot n_1 \left(1 - \frac{1}{K_i}\right) \quad (E.34)$$

式中系数 K_b、K_i 的数值是根据教材中普通 V 带的额定功率增量表拟合得到的,K_b 的数值列于表 E.10 中,K_i 的数值由式 E.38 计算可得。

c) 包角修正系数 K_α 的拟合公式

$$K_\alpha = 1.25(1 - 5^{-\alpha/\pi}) \quad (E.35)$$

式中 α 为小带轮包角,rad。

d) 带长修正系数 K_L 的拟合公式

$$K_L = 1 + 0.5(\log L_d - \log L_{d0}) \quad (E.36)$$

式中 L_d 是 V 带基准长度,mm;L_{d0} 是 K_L 为 1 时的带长,其数值列于表 E.10 中。

e) 普通 V 带选型图中各分界线的拟合公式

$$n_1 = C_4 P_{ca}^{C5} \quad (E.37)$$

式中 n_1 为小带轮转速,r/min;系数 C_4、C_5 的数值列于表 E.10 中,$P_{ca} = K_A P$,符号含义与教材相同。

f) 传动比修正系数的拟合公式

$$K_i = i\left(\frac{2}{1 + i^{5.3}}\right)^{1/5.3} \quad (E.38)$$

式中 i 为传动比。

表 E.10　普通 V 带传动设计有关数据

型号	q	C_1	C_2	$C_3 \times 10^4$	C_4	C_5	$K_b \times 10^{-3}$	L_{d0}	$d_{d1\min}$
Y	0.04	0.03	0.1	0.133	479.2	1.034	0.12	450	20
Z	0.06	0.063	0.09	0.108	106.48	1.083	0.39	800	50
A	0.10	0.449	19.62	0.758	28.89	1.171	1.03	1 700	75
B	0.17	0.794	50.6	1.31	7.895	1.211	2.65	2 240	125
C	0.30	1.48	143.2	2.34	2.281	1.233	7.50	3 750	200
D	0.60	3.15	507.3	4.77	0.768	1.257	26.6	6 300	355
E	0.87	4.57	951.3	7.06			49.8	7 100	500

注：表中 q 值为普通 V 带每米长的质量，单位为 kg/m。

表 E.10 中的数据均与带的型号有关。编程时可将该表数据制成二维数组。

（3）程序所用的主要公式

带的速度　　$v = \dfrac{\pi d_{d1} n_1}{60 \times 1\,000}$　m/s

所需带的基准长度　　$L'_d = 2a_0 + \dfrac{\pi}{2}(d_{d1} + d_{d2}) + \dfrac{(d_{d2} - d_{d1})^2}{4a_0}$

小带轮上的包角　　$\alpha_1 = 180° - \dfrac{d_{d2} - d_{d1}}{a} \times 57.5°$

带的根数　　$z = \dfrac{P_{ca}}{(P_0 + \Delta P_0) K_\alpha K_L}$

（4）确定程序变量名

表 E.11　V 带传动设计计算程序变量名

名　称	程序变量名	公式符号	单位	备　注
V 带传递的功率	pv	P	kW	
小带轮转速	n1	n_1	r/min	
大带轮转速	n2	n_2	r/min	
初定中心距系数	ac			ac = 0.7 ~ 2.0

表 E.11(完)

名 称	程序变量名	公式符号	单位	备 注
小带轮基准直径	dd1	d_{d1}	mm	
大带轮基准直径	dd2	d_{d2}	mm	
初定中心距	a0	a_0	mm	a0 = ac * (dd1 + dd2)
传动比	ib	i		
每天工作小时数	hb	h	h	
带的基准长度	ld	L_d	mm	
所需带的基准长度	ld0	L_d'	mm	
带每米长的质量	qb	q	kg/m	
计算功率	pcav	P_{ca}	kW	
单根 V 带传递的额定功率	p0	P_0	kW	
传动比 $i \neq 1$ 的额定功率增量	dp0	ΔP_0	kW	
小带轮上的包角	alpha1	α_1	(°)	
包角系数	ka1	K_α		
带长修正系数	kl	K_L		
带速	vb	v	m/s	
带的根数	zb	z	根	
单根带的预紧力	f0b	F_0	N	
作用在轴上的力	fpsh	F_p	N	
工况标识符	k1			$k1 = \begin{cases} 1—载荷变动微小 \\ 2—载荷变动较小 \\ 3—载荷变动较大 \\ 4—载荷变动很大 \end{cases}$
原动机标识符	k2			$k2 = \begin{cases} 1—软起动 \\ 2—负载起动 \end{cases}$
工作情况系数	kav	K_A		

(5) V 带传动的设计计算程序框图

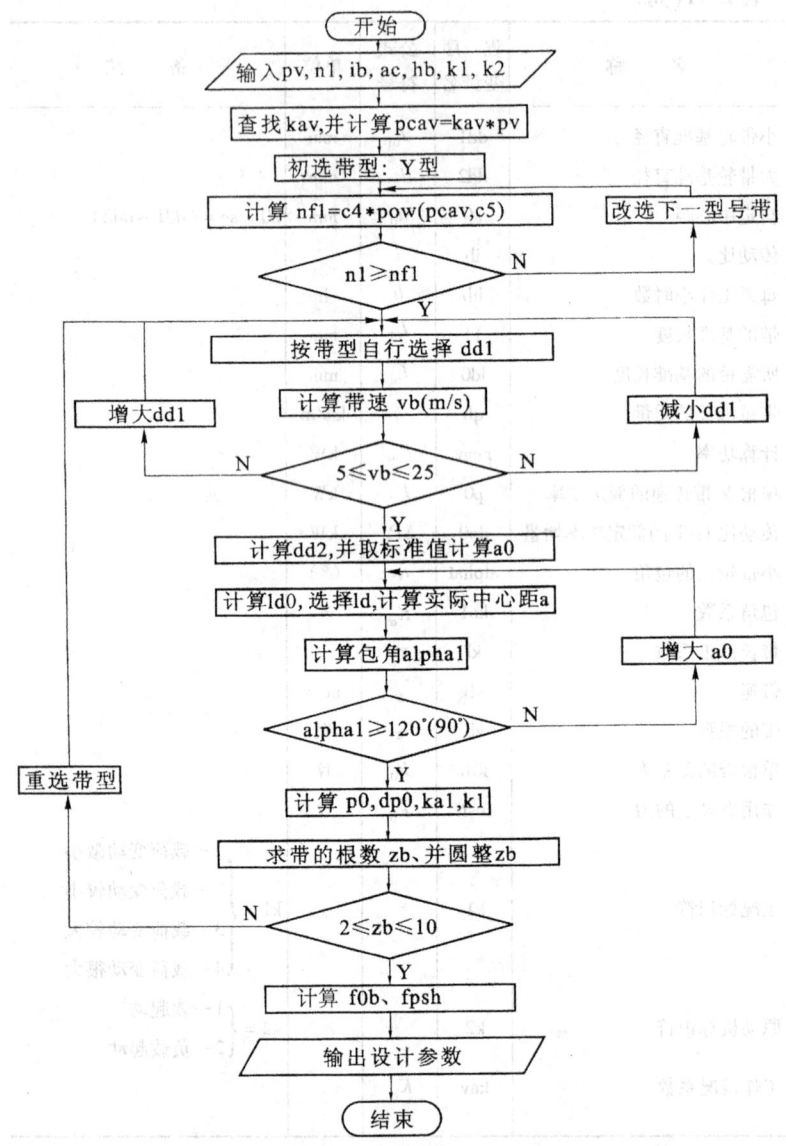

图 E.14 普通 V 带传动设计计算框图

（6）较典型的程序段

下面给出根据计算功率 pcav 和小带轮转速 n1 确定普通 V 带型号的程序段。

```c
char daixing (float n1, float pcav)
    {
    int j;
    float nf1[6];
    struct xishu
        {
        float c4;
        float c5;
        }c[6] = {{479.2,1.034},{106.48,1.083},{28.89,
                 1.171},{7.895,1.211},{2.281,1.233},
                 {0.768,1.257}};
    for (j=0; j<6; j++)
        {
        nf1[j] = c[j].c4 * pow(pcav,c[j].c5);
        }
    if (n1 >= nf1[0]) return ('Y');
    else if (n1 >= nf1[1]) return ('Z');
    else if (n1 >= nf1[2]) return ('A');
    else if (n1 >= nf1[3]) return ('B');
    else if (n1 >= nf1[4]) return ('C');
    else if (n1 >= nf1[5]) return ('D');
    else return ('E');
    }
```

4. 齿轮传动设计计算程序的编制

（1）程序"gca( )"的适用范围

本程序适用于 6~8 级精度、软齿面、闭式圆柱齿轮传动的设计计算,大、小齿轮材料均为钢。

(2) 数学模型的建立、数表和图线的公式化

a) 动载系数 K_v

6 级精度　$K_v = 2.29 \times 10^{-6} v^3 - 2.43 \times 10^{-4} v^2 + 9.922 \times 10^{-3} v + 1.0257$

7 级精度　$K_v = 5.376 \times 10^{-6} v^3 - 4.58 \times 10^{-4} v^2 + 1.67 \times 10^{-2} v + 1.058$

8 级精度　$K_v = 1.967 \times 10^{-5} v^3 - 1.236 \times 10^{-3} v^2 + 3.18 \times 10^{-2} v + 1.063$

9 级精度　$K_v = 3 \times 10^{-5} v^3 - 1.8 \times 10^{-3} v^2 + 4.44 \times 10^{-2} v + 1.08$

式中的 v 是以 m/s 为单位的齿轮分度圆的圆周速度的数值。

b) 接触疲劳强度计算时的齿向载荷分布系数 $K_{H\beta}$

调质齿轮 $K_{H\beta}$ 的简化计算公式(用于装配时需要检验或对研跑合的情况,式中 ϕ_d 为齿宽系数,b 为以 mm 为单位的齿宽的数值):

精度等级	小齿轮相对支承的布置	$K_{H\beta}$
6 级精度	对　称	$K_{H\beta} = 1.11 + 0.18 \phi_d^2 + 0.15 \times 10^{-3} b$
	非对称	$K_{H\beta} = 1.11 + 0.18(1 + 0.6 \phi_d^2) \phi_d^2 + 0.15 \times 10^{-3} b$
	悬　臂	$K_{H\beta} = 1.11 + 0.18(1 + 6.7 \phi_d^2) \phi_d^2 + 0.15 \times 10^{-3} b$
7 级精度	对　称	$K_{H\beta} = 1.12 + 0.18 \phi_d^2 + 0.23 \times 10^{-3} b$
	非对称	$K_{H\beta} = 1.12 + 0.18(1 + 0.6 \phi_d^2) \phi_d^2 + 0.23 \times 10^{-3} b$
	悬　臂	$K_{H\beta} = 1.12 + 0.18(1 + 6.7 \phi_d^2) \phi_d^2 + 0.23 \times 10^{-3} b$
8 级精度	对　称	$K_{H\beta} = 1.15 + 0.18 \phi_d^2 + 0.31 \times 10^{-3} b$
	非对称	$K_{H\beta} = 1.15 + 0.18(1 + 0.6 \phi_d^2) \phi_d^2 + 0.31 \times 10^{-3} b$
	悬　臂	$K_{H\beta} = 1.15 + 0.18(1 + 6.7 \phi_d^2) \phi_d^2 + 0.31 \times 10^{-3} b$

硬齿面齿轮 $K_{H\beta}$ 的简化计算公式(适用情况及符号说明同上):

精度等级	小齿轮相对支承的布置		$K_{H\beta}$
5级精度	$K_{H\beta} \leqslant 1.34$	对 称	$K_{H\beta} = 1.05 + 0.26\phi_d^2 + 0.10 \times 10^{-3}b$
		非对称	$K_{H\beta} = 1.05 + 0.26(1 + 0.6\phi_d^2)\phi_d^2 + 0.10 \times 10^{-3}b$
		悬 臂	$K_{H\beta} = 1.05 + 0.26(1 + 6.7\phi_d^2)\phi_d^2 + 0.10 \times 10^{-3}b$
	$K_{H\beta} > 1.34$	对 称	$K_{H\beta} = 0.99 + 0.31\phi_d^2 + 0.12 \times 10^{-3}b$
		非对称	$K_{H\beta} = 0.99 + 0.31(1 + 0.6\phi_d^2)\phi_d^2 + 0.12 \times 10^{-3}b$
		悬 臂	$K_{H\beta} = 0.99 + 0.31(1 + 6.7\phi_d^2)\phi_d^2 + 0.12 \times 10^{-3}b$
6级精度	$K_{H\beta} \leqslant 1.34$	对 称	$K_{H\beta} = 1.05 + 0.26\phi_d^2 + 0.16 \times 10^{-3}b$
		非对称	$K_{H\beta} = 1.05 + 0.26(1 + 0.6\phi_d^2)\phi_d^2 + 0.16 \times 10^{-3}b$
		悬 臂	$K_{H\beta} = 1.05 + 0.26(1 + 6.7\phi_d^2)\phi_d^2 + 0.16 \times 10^{-3}b$
	$K_{H\beta} > 1.34$	对 称	$K_{H\beta} = 1.0 + 0.31\phi_d^2 + 0.19 \times 10^{-3}b$
		非对称	$K_{H\beta} = 1.0 + 0.31(1 + 0.6\phi_d^2)\phi_d^2 + 0.19 \times 10^{-3}b$
		悬 臂	$K_{H\beta} = 1.0 + 0.31(1 + 6.7\phi_d^2)\phi_d^2 + 0.19 \times 10^{-3}b$

c）弯曲疲劳强度计算时的齿向载荷分布系数 $K_{F\beta}$

齿宽与齿高之比 $b/h \approx \infty$ 时，$K_{F\beta} = K_{H\beta}$

$b/h = 12$　　$K_{F\beta} = 0.893 K_{H\beta} + 0.107$

$b/h = 6$　　$K_{F\beta} = 0.794 K_{H\beta} + 0.207$

$b/h = 4$　　$K_{F\beta} = 0.66 K_{H\beta} + 0.3445$

$b/h = 3$　　$K_{F\beta} = 0.595 K_{H\beta} + 0.407$

d）齿形系数 Y_{Fa}

当变位系数 $x = 0$ 时，

$Y_{Fa} = 3.7966 - 0.066 z_v + 0.000928 z_v^2 - 4.31 \times 10^{-6} z_v^3$

e）应力校正系数 Y_{Sa}

当 $x = 0$ 时，

$Y_{Sa} = 1.472047 + 0.00497 z_v - 0.000016 z_v^2$

f）区域系数 Z_H

$$Z_H = \sqrt{\frac{2\cos\beta_b}{\cos\alpha_t \sin\alpha_t}}$$

$$\beta_b = \arctan(\tan\beta \cdot \cos\alpha_t)$$

g) 螺旋角系数 Y_β

$$Y_\beta = 1 - \varepsilon_\beta \frac{\beta}{120°}$$

当 $\beta > 30°$ 后,Y_β 即为常数,其值等于 $\beta = 30°$ 时的 Y_β 值。

$$\varepsilon_\beta = b\sin\beta/m_n\pi$$

ε_β 为齿轮传动的纵向重合度

h) 弯曲疲劳寿命系数 K_{FN}

材料及热处理	应力循环次数	K_{FN}
调质钢;球墨铸铁;黑色可锻铸铁	$N \leq 10^4$	$K_{FN} = 2.5$
	$10^4 < N \leq 3 \times 10^6$	$K_{FN} = \left(\frac{3 \times 10^6}{N}\right)^{0.16}$
	$3 \times 10^6 < N \leq 10^{10}$	$K_{FN} = \left(\frac{3 \times 10^6}{N}\right)^{0.02}$ ①
碳钢经表面淬火、渗碳	$N \leq 10^3$	$K_{FN} = 2.5$
	$10^3 < N \leq 3 \times 10^6$	$K_{FN} = \left(\frac{3 \times 10^6}{N}\right)^{0.115}$
	$3 \times 10^6 < N \leq 10^{10}$	$K_{FN} = \left(\frac{3 \times 10^6}{N}\right)^{0.02}$ ①
结构钢;渗氮的氮化钢、调质钢和渗碳钢;灰铸铁	$N \leq 10^3$	$K_{FN} = 1.6$
	$10^3 < N \leq 3 \times 10^6$	$K_{FN} = \left(\frac{3 \times 10^6}{N}\right)^{0.05}$
	$3 \times 10^6 < N \leq 10^{10}$	$K_{FN} = \left(\frac{3 \times 10^6}{N}\right)^{0.02}$ ①
碳氮共渗的调质钢和渗碳钢	$N \leq 10^3$	$K_{FN} = 1.1$
	$10^3 < N \leq 3 \times 10^6$	$K_{FN} = \left(\frac{3 \times 10^6}{N}\right)^{0.012}$
	$3 \times 10^6 < N \leq 10^{10}$	$K_{FN} = \left(\frac{3 \times 10^6}{N}\right)^{0.02}$ ①

① 当优选材料、制造工艺和润滑剂,并经生产实践验证时,可取 K_{FN} 为 1。

i) 接触疲劳寿命系数 K_{HN}

材料及热处理	应力循环次数	K_{HN}
结构钢;调质钢;碳钢经表面淬火或渗碳;球墨铸铁;可锻铸铁(允许有一定点蚀)	$N \leq 6 \times 10^5$	$K_{HN} = 1.6$
	$6 \times 10^5 < N \leq 10^7$	$K_{HN} = 1.3 \left(\dfrac{10^7}{N}\right)^{0.0738}$
	$10^7 < N \leq 10^9$	$K_{HN} = \left(\dfrac{10^9}{N}\right)^{0.057}$
	$10^9 < N \leq 10^{10}$	$K_{HN} = \left(\dfrac{10^9}{N}\right)^{0.0706}$
结构钢;调质钢;碳钢经表面淬火或渗碳;球墨铸铁;可锻铸铁(不允许点蚀)	$N \leq 10^5$	$K_{HN} = 1.6$
	$10^5 < N \leq 5 \times 10^7$	$K_{HN} = \left(\dfrac{5 \times 10^7}{N}\right)^{0.0756}$
	$5 \times 10^7 < N \leq 10^{10}$	$K_{HN} = \left(\dfrac{5 \times 10^7}{N}\right)^{0.0306}$ ①
渗氮的氮化钢、调质和渗碳钢;灰铸铁	$N \leq 10^5$	$K_{HN} = 1.3$
	$10^5 < N \leq 2 \times 10^6$	$K_{HN} = \left(\dfrac{2 \times 10^6}{N}\right)^{0.0875}$
	$2 \times 10^6 < N \leq 10^{10}$	$K_{HN} = \left(\dfrac{2 \times 10^6}{N}\right)^{0.0191}$ ①
碳氮共渗的调质钢和渗碳钢	$N \leq 10^5$	$K_{HN} = 1.1$
	$10^5 < N \leq 2 \times 10^6$	$K_{HN} = \left(\dfrac{2 \times 10^6}{N}\right)^{0.0318}$
	$2 \times 10^6 < N \leq 10^{10}$	$K_{HN} = \left(\dfrac{2 \times 10^6}{N}\right)^{0.0191}$ ①

① 当优选材料、制造工艺和润滑剂,并经生产实践验证时,可取 K_{HN} 为 1。

j) 齿轮的弯曲疲劳强度极限 σ_{Flim}(MPa), $\sigma_{FE} = \sigma_{Flim} \cdot Y_{ST}$

结构钢正火　　　$\sigma_{FE} = 0.90\text{HBS} + 132$

铸钢正火　　　　$\sigma_{FE} = 0.66\text{HBS} + 120$

球墨铸铁　　　　$\sigma_{FE} = 0.69\text{HBS} + 150$

黑色可锻铸铁　　$\sigma_{FE} = 0.69\text{HBS} + 239$

灰铸铁　　　　　$\sigma_{FE} = 0.52\text{HBS} + 10$

合金钢调质　　　$\sigma_{FE} = 0.88\text{HBS} + 363$

碳钢调质 $\sigma_{FE} = 0.54\text{HBS} + 314$

合金铸钢调质 $\sigma_{FE} = 0.84\text{HBS} + 300$

碳素铸钢调质 $\sigma_{FE} = 0.52\text{HBS} + 222$

渗碳淬火钢 芯部硬度$\geqslant 30\text{HRC}$时,$\sigma_{FE} = 1\,000$

芯部硬度$\geqslant 25\text{HRC}$时,$\sigma_{FE} = 923$

表面淬火钢 表面硬度$\leqslant 55\text{HRC}$,

$\sigma_{FE} = 5\text{HRC} + 467$

表面硬度$> 55\text{HRC}$,$\sigma_{FE} = 742$

不含铝钢气体氮化 $\sigma_{FE} = 847$

氮化钢气体氮化 $\sigma_{FE} = 732$

碳氮共渗钢 表面硬度$\leqslant 45\text{HRC}$,

$\sigma_{FE} = 13.7\text{HRC} + 158$

表面硬度$> 45\text{HRC}$,$\sigma_{FE} = 775$

k)齿轮的接触疲劳强度极限 σ_{Hlim}(MPa)

结构钢正火 $\sigma_{Hlim} = 0.96\text{HBS} + 197$

铸钢正火 $\sigma_{Hlim} = 0.98\text{HBS} + 131$

球墨铸铁 $\sigma_{Hlim} = 1.44\text{HBS} + 206$

黑色可锻铸铁 $\sigma_{Hlim} = 1.35\text{HBS} + 168$

灰铸铁 $\sigma_{Hlim} = 1.1\text{HBS} + 121$

合金钢调质 $\sigma_{Hlim} = 1.35\text{HBS} + 363$

碳钢调质 $\sigma_{Hlim} = \text{HBS} + 350$

合金铸钢调质 $\sigma_{Hlim} = 1.32\text{HBS} + 290$

碳素铸钢调质 $\sigma_{Hlim} = 0.86\text{HBS} + 296$

渗碳淬火钢 $\sigma_{Hlim} = 1\,500$

表面淬火钢 $\sigma_{Hlim} = 12\text{HRC} + 550$

不含铝钢气体氮化 $\sigma_{Hlim} = 1\,250$

氮化钢气体氮化 $\sigma_{Hlim} = 1\,000$

碳氮共渗钢　表面硬度≤45HRC　$\sigma_{Hlim} = 11.7HRC + 423$
　　　　　　　表面硬度＞45HRC　$\sigma_{Hlim} = 950$

（3）列出所用计算公式

a）接触强度的设计公式

$$d_1 \geq \sqrt[3]{\frac{2KT_1}{\phi_d \varepsilon_\alpha} \cdot \frac{u \pm 1}{u} \left(\frac{Z_H Z_E}{[\sigma_H]}\right)^2}$$

b）弯曲强度的校核公式

$$\sigma_{F1} = \frac{KF_t Y_{Fa1} Y_{Sa1} Y_\beta}{bm_n \varepsilon_\alpha} \leq [\sigma_F]_1$$

$$\sigma_{F2} = \frac{\sigma_{F1} Y_{Fa2} Y_{Sa2}}{Y_{Fa1} Y_{Sa1}} \leq [\sigma_F]_2$$

（4）确定程序变量名

表 E.12　圆柱齿轮传动的程序变量名

名　称	程序变量名	公式符号	单位	备　注
中心距	ag	a	mm	
法向压力角	alphan	α_n	(°)	
端面压力角	alphat	α_t	(°)	
齿　宽	bg	b	mm	
法面模数	mn	m_n	mm	
分度圆螺旋角	beta	β	(°)	
分度圆直径	dg	d	mm	
分度圆直径试算值	d1t	d_{1t}	mm	
端面重合度	ea	ε_α		
齿　数	zg	z		
当量齿数	zvg	z_v		
圆周力	ftg	F_t	N	
齿宽系数	fid	ϕ_d		
每天工作小时数	hg	h	h	
材料的布氏硬度	HBS	HBS		
载荷系数	k	K		
使用系数	kag	K_A		
试算系数	ktg	K_t		

表 E.12(完)

名 称	程序变量名	公式符号	单位	备 注
动载系数	kvg	K_v		
弯曲疲劳寿命系数	kfn	K_{FN}		
接触疲劳寿命系数	khn	K_{HN}		
齿向载荷分布系数	kfb	$K_{F\beta}$		弯曲强度计算时用
齿向载荷分布系数	khb	$K_{H\beta}$		接触强度计算时用
齿间载荷分配系数	kfa	$K_{F\alpha}$		弯曲强度计算时用
齿间载荷分配系数	kha	$K_{H\alpha}$		接触强度计算时用
应力循环次数	nn	N	次	
转 速	ng	n	r/min	
扭 矩	tg	T	N·mm	
齿 数 比	ug	u		
线 速 度	vg	v	m/s	
弯曲疲劳极限应力	sigmfj	σ_{FE}	MPa	
接触疲劳极限应力	sigmhj	σ_{Hlim}	MPa	
弯曲疲劳许用应力	sfp	$[\sigma_F]$	MPa	
接触疲劳许用应力	shp	$[\sigma_H]$	MPa	
使用年限	yg	y		
齿形系数	yfa	Y_{Fa}		
应力校正系数	ysa	Y_{Sa}		
螺旋角系数	yb	Y_β		
区域系数	zhg	Z_H		
弹性影响系数	zeg	Z_E	$MPa^{\frac{1}{2}}$	
弯曲应力	sigmf	σ_F	MPa	
安全系数	sfg	S_F		弯曲强度计算时用
安全系数	shg	S_H		接触强度计算时用
齿轮精度	kk			$kk = \begin{cases} 6—6 \text{级精度} \\ 7—7 \text{级精度} \\ 8—8 \text{级精度} \end{cases}$
齿轮类型	kg			$kg = \begin{cases} 1—\text{直齿轮} \\ 2—\text{斜齿轮} \end{cases}$
布置型式	ks			$ks = \begin{cases} 1—\text{对称布置} \\ 2—\text{不对称布置} \\ 3—\text{悬臂布置} \end{cases}$
材料类型	km			$km = \begin{cases} 1—\text{正火结构钢} \\ 2—\text{正火铸钢} \\ 3—\text{碳钢调质} \\ 4—\text{合金钢调质} \end{cases}$

(5) 圆柱齿轮传动设计计算程序框图

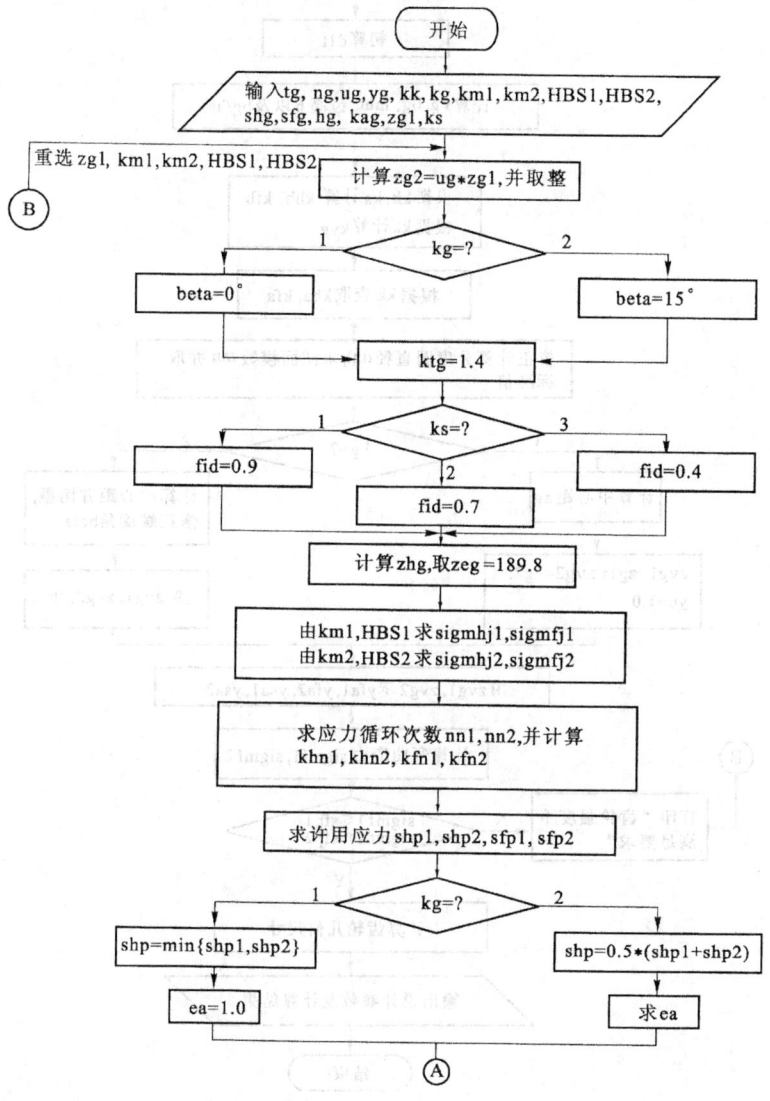

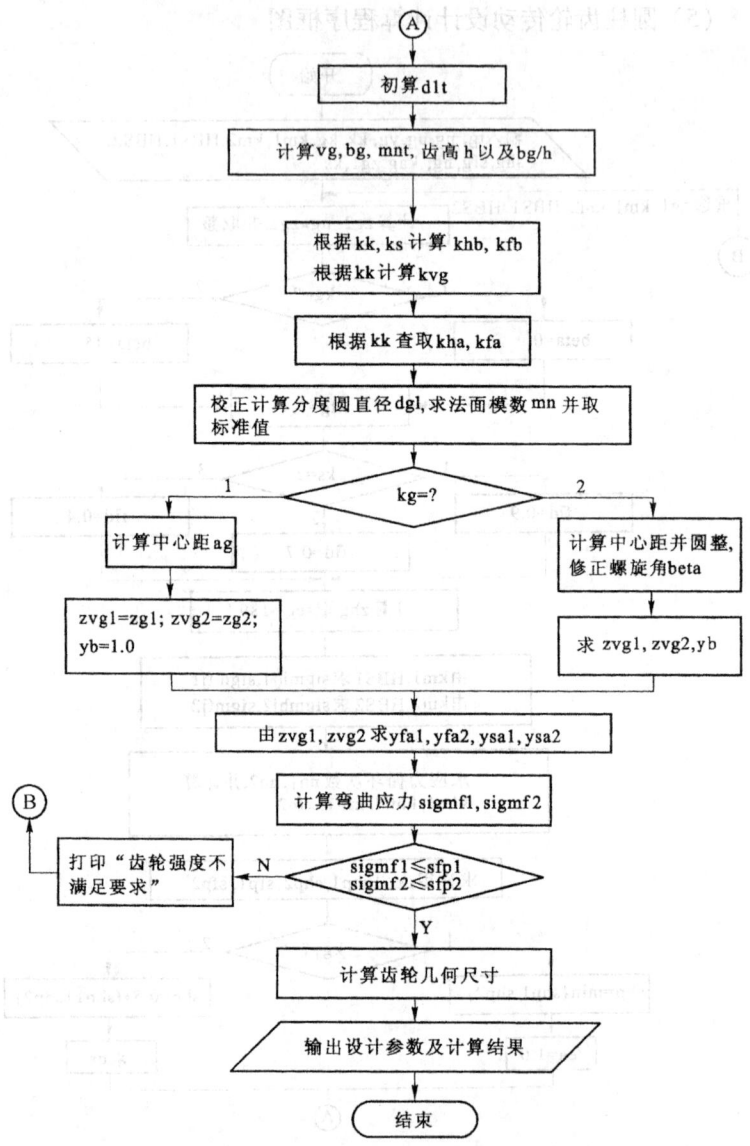

图 E.15 圆柱齿轮传动设计计算程序框图

(6) 数表与图线的输入

如前所述,对函数数表只需将其函数式编入计算程序。对于纯数表的输入以标准模数的输入与法向模数取标准值为例介绍如下:

```
float moshu (float mn)
{
   int i;
   float m[15] = {1.0,1.25,1.5,1.75,2.0,2.25,2.5,2.75,
                  3.0,3.5,4.0,4.5,5.0,5.5,6.0};
   for (i = 0;i < = 14;i + + )
     if (mn < = m[i]&&mn > = 0.9 * m[i])
     {
       mn = m[i];
       break;
     }
   return (mn);
}
```

当求出法面模数并取标准值时,可用如下语句调用:

$$m = moshu(mn);$$

5. 轴强度校核计算程序的编制

(1) 程序"shca( )"的适用范围

a) 本程序可对转轴进行受力分析、弯扭合成校核和疲劳强度精确校核。

b) 可进行多个危险截面的校核,若校核不合格,可根据加大直径或改选材料重新计算,直至合格为止。

(2) 数学模型的建立、数表和图线的公式化

a) 绝对尺寸系数 ε_σ 的拟合公式

$$\varepsilon_\sigma = 2.558869364 \cdot d^{-0.31793} \tag{E.39}$$

式中 d 为轴的截面直径,mm。

b) 圆截面钢材的扭转剪切尺寸系数 ε_τ 的拟合公式

$$\varepsilon_\tau = 0.9513 \cdot e^{-1.867 \times 10^{-3} \cdot d} \qquad (E.40)$$

式中 d 为以 mm 为单位的轴的截面直径的数值。

c) 钢材的敏性系数 $q_\sigma(q_\tau)$ 的拟合公式

(a) $q_\sigma(q_\tau) = 0.814 + 0.176398r - 0.069183r^2 + 0.00886175r^3$

(b) $q_\sigma(q_\tau) = 0.6547196 + 0.2711768r - 0.1r^2 + 0.01257435r^3$

(c) $q_\sigma(q_\tau) = 0.51812 + 0.3715256r - 0.1438578r^2 + 0.0183968r^3$

(d) $q_\sigma(q_\tau) = 0.46663 + 0.377568r - 0.142175r^2 + 0.0179332r^3$

(e) $q_\sigma(q_\tau) = 0.41319 + 0.35439r - 0.11988r^2 + 0.01339r^3$

(f) $q_\sigma(q_\tau) = 0.33835 + 0.39766r - 0.139645r^2 + 0.016709r^3$

$$(E.41)$$

式中 r 为以 mm 为单位的圆角半径的数值;序号(a)~(f)代表的材料强度极限 σ_B,见表 E.13。

表 E.13 轴的材料强度极限 σ_B、τ_B MPa

序号	(a)	(b)	(c)	(d)	(e)	(f)	备注
σ_B	1400	980	700	560	420	350	计算 q_σ
τ_B	1250	840	560	420	—	—	计算 q_τ

若轴的材料强度极限不等于表 E.13 中的 σ_B 值时,可按插入法计算。

d) 弯曲疲劳的表面质量系数 β_σ 的拟合公式

$$\left.\begin{aligned}&(a)\ \beta_\sigma = 1 &&\text{(抛光)}\\&(b)\ \beta_\sigma = 0.963 - 0.000\ 075\sigma_B &&\text{(磨削)}\\&(c)\ \beta_\sigma = 0.974 - 0.002\ 575\sigma_B &&\text{(精车)}\\&(d)\ \beta_\sigma = 0.987 - 0.000\ 018\ 25\sigma_B &&\text{(粗车)}\\&(e)\ \beta_\sigma = 38.464\ 781\ 5\sigma_B^{-0.644\ 282\ 149\ 9} &&\text{(未加工)}\end{aligned}\right\} \quad (E.42)$$

式中,σ_B 为以 MPa 为单位的轴的材料强度极限的数值。

扭转剪切疲劳的表面质量系数 β_τ 如无试验资料时,可取 $\beta_\tau \approx \beta_\sigma$。

e) 轴上键槽处的有效应力集中系数 $k_\sigma(k_\tau)$ 的拟合公式

$$\left.\begin{aligned}k_\sigma &= 1 + 0.001\sigma_B\\k_\tau &= 0.9 + 0.001\sigma_B\end{aligned}\right\} \quad (E.43)$$

式中,σ_B 为以 MPa 为单位的轴的材料强度极限的数值。

f) 轴肩圆角处的理论应力集中系数 $\alpha_\sigma(\alpha_\tau)$ 的数表程序化见函数 dka( )。

g) 零件与轴过盈配合处的 $\dfrac{k_\sigma}{\varepsilon_\sigma}\left(\dfrac{k_\tau}{\varepsilon_\tau}\right)$ 值的数表程序化见函数 dkb( )

h) 支反力的计算公式

单级圆柱齿轮减速器中的输入、输出轴,其所受外力情况可用图 E.16 表示如下:

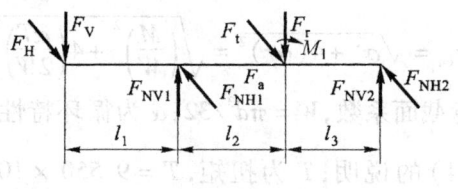

图 E.16 轴的受力简图

根据图 E.16 可得支反力计算公式:

$$\left.\begin{aligned} F_{NV1} &= \frac{F_r \cdot l_3 + F_V(l_1 + l_2 + l_3) - M_1}{l_2 + l_3} \\ F_{NV2} &= F_r + F_V - F_{NV1} \\ F_{NH1} &= \frac{F_t \cdot l_3 + F_H(l_1 + l_2 + l_3)}{l_2 + l_3} \\ F_{NH2} &= F_t + F_H - F_{NH1} \end{aligned}\right\} \quad (\text{E.44})$$

i) 轴的弯矩计算公式

根据图 E.16,现给出轴上各段的弯矩计算公式:

第一段 $(x < l_1)$

$$\left.\begin{aligned} M_{V1} &= F_V \cdot x \\ M_{H1} &= F_H \cdot x \end{aligned}\right\} \quad (\text{E.45})$$

式中 x 为所计算的截面到轴左端点的距离,mm。

第二段 $(l_1 < x < l_1 + l_2)$

$$\left.\begin{aligned} M_{V2} &= M_{V1} - F_{NV1} \cdot (x - l_1) \\ M_{H2} &= M_{H1} - F_{NH1} \cdot (x - l_1) \end{aligned}\right\} \quad (\text{E.46})$$

第三段 $(l_1 + l_2 < x < l_1 + l_2 + l_3)$

$$\left.\begin{aligned} M_{V3} &= M_{V2} - M_1 + F_r(x - l_1 - l_2) \\ M_{H3} &= M_{H2} + F_t(x - l_1 - l_2) \end{aligned}\right\} \quad (\text{E.47})$$

总弯矩 M 的计算公式

$$M = \sqrt{M_{Hi}^2 + M_{Vi}^2} \quad i = 1,2,3$$

对于直径为 d 的实心圆截面轴,计算应力 σ_{ca} 的计算公式为

$$\sigma_{ca} = \sqrt{\sigma^2 + 4(\alpha\tau)^2} = \sqrt{\left(\frac{M}{W}\right)^2 + 4\left(\frac{\alpha T}{2W}\right)^2}$$

式中 W 为抗弯截面系数,$W = \pi d^3/32$;α 为循环特性折合系数,见教材式(15-4)的说明;T 为扭矩,$T = 9\,550 \times 10^3 \frac{P}{n}$,单位为 N·mm。

(3) 列出所用计算公式

弯扭合成强度校核：$\sigma_{ca} = \sqrt{\sigma^2 + 4(\alpha\tau)^2} \leq [\sigma_{-1}]$

疲劳强度校核：$S_\sigma = \dfrac{\sigma_{-1}}{K_\sigma \sigma_a + \psi_\sigma \sigma_m}, S_\tau = \dfrac{\tau_{-1}}{K_\tau \tau_a + \psi_\tau \tau_m}$

$$S_{ca} = \dfrac{S_\sigma \cdot S_\tau}{\sqrt{S_\sigma^2 + S_\tau^2}} > S$$

（4）确定程序变量名

表 E.14 轴的强度校核程序变量名

名 称	程序变量名	公式符号	单位	备 注
轴传递的功率	ps	P	kW	
轴的转速	ns	n	r/min	
齿轮齿数	zg1、zg2	z_1、z_2		
齿轮模数	mn	m_n	mm	
法向压力角	alphan	α_n	(°)	
齿轮螺旋角	beta	β	(°)	
带传动的压轴力	fpsh	F_p	N	
压轴力与水平面夹角	ceta	θ	(°)	
轮齿径向力	frg	F_r	N	
轮齿圆周力	ftg	F_t	N	
轮齿轴向力	fag	F_a	N	
轴上集中弯矩	mag	M_1	N·mm	
轴的计算长度	l1、l2、l3	l_1、l_2、l_3	mm	
轴上扭矩	ts	T	N·mm	
垂直面支反力	fnv1、fnv2	F_{NV1}、F_{NV2}	N	
水平面支反力	fnh1、fnh2	F_{NH1}、F_{NH2}	N	
总弯矩	mxl、mxr	M	N·mm	l、r 表示有集中弯矩作用的左、右截面
弯矩	mv、mh	M_V、M_H	N·mm	M_V、M_H 分别为垂直面和水平面弯矩

表 E.14(续)

名称	程序变量名	公式符号	单位	备注
折算系数	apha	α		
轴上外力 F_V、F_H 方向	q1、q2			与轴受力简图方向一致,赋正1
轴上外力 F_{r1}、F_{t1} 方向	e1、e2			与轴受力简图方向一致,赋正1
轴上集中弯矩 M_1 方向	em			与轴受力简图方向一致,赋正1
轴径	ds	d	mm	
危险截面位置	x	x	mm	
材料强度极限	sigmb	σ_B	MPa	
材料许用弯曲疲劳极限	sigmpb	$[\sigma_{-1}]$	MPa	
材料弯曲疲劳极限	sigm1	σ_{-1}	MPa	
材料剪切疲劳极限	tau1	τ_{-1}	MPa	
轴截面上的弯曲应力	sigmbb	σ_b	MPa	
轴截面上的扭转切应力	taut	τ_T	MPa	
轴肩圆角半径	r	r	mm	
轴肩直径比	dd	D/α		
计算应力	sigmca	σ_{ca}	MPa	
应力幅	sigma	σ_a	MPa	
平均应力	sigmm	σ_m	MPa	
切应力幅	taua	τ_a	MPa	
平均切应力	taum	τ_m	MPa	
理论应力集中系数	asg、ata	α_σ、α_τ		分别对应正应力和切应力
敏性系数	qsg、qta	q_σ、q_τ		分别对应正应力和切应力
有效应力集中系数	ksg、kta	k_σ、k_τ		分别对应正应力和切应力

表 E.14(完)

名 称	程序变量名	公式符号	单位	备 注
绝对尺寸系数	esg、eta	ε_σ、ε_τ		分别对应正应力和切应力
表面质量系数	bsg、bta	β_σ、β_τ		分别对应正应力和切应力
综合影响系数	ksigm、ktau	K_σ、K_τ		分别对应正应力和切应力
强化系数	batq	β_q		
材料特性系数	psg、pta	ψ_σ、ψ_τ		分别对应正应力和切应力
正应力计算安全系数	ss	S_σ		
切应力计算安全系数	st	S_τ		
计算安全系数	sca	S_{ca}		
设计安全系数	s	S		
计算公式选择系数	kbb			kbb=1、2、3、4、5 的含义见式(E.42)
校核计算类型系数	k1			$k1 = \begin{cases} 0—只进行弯扭合成校核 \\ 1—还要进行疲劳强度校核 \end{cases}$
应力集中类型系数	k2			$k2 = \begin{cases} 1—轴肩处应力集中 \\ 2—轴上键槽应力集中 \\ 3—过盈配合应力集中 \end{cases}$
配合种类系数	k3			$k3 = \begin{cases} 1—为 H\,7/r6\ 配合 \\ 2—为 H\,7/k6\ 配合 \\ 3—为 H\,7/h6\ 配合 \end{cases}$

(5) 轴的强度校核计算程序框图

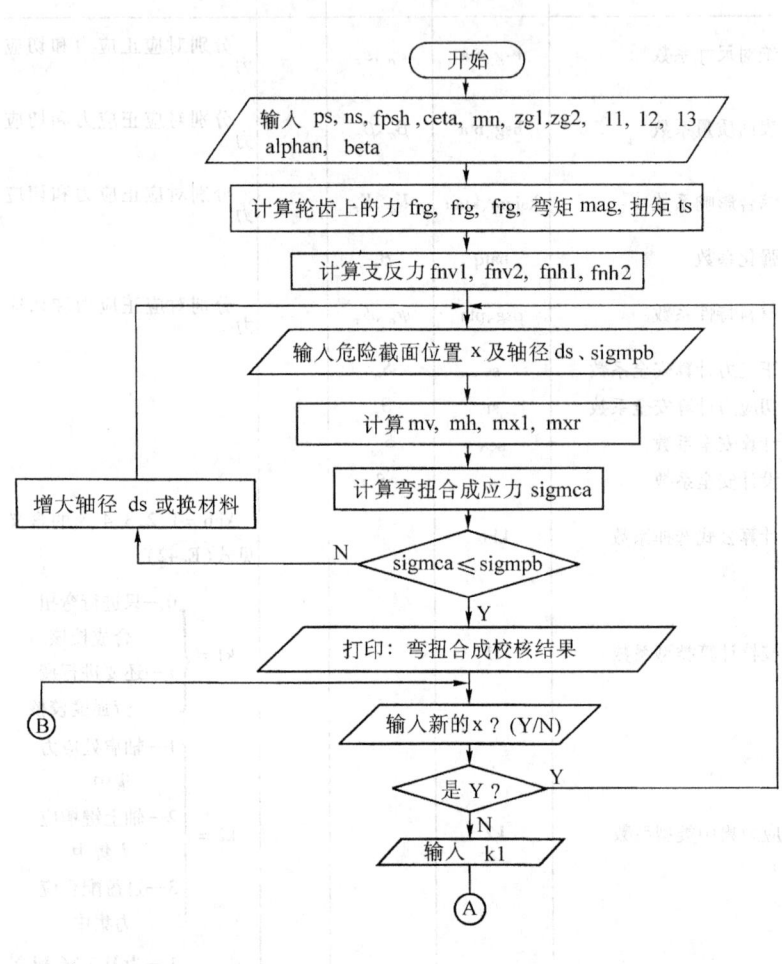

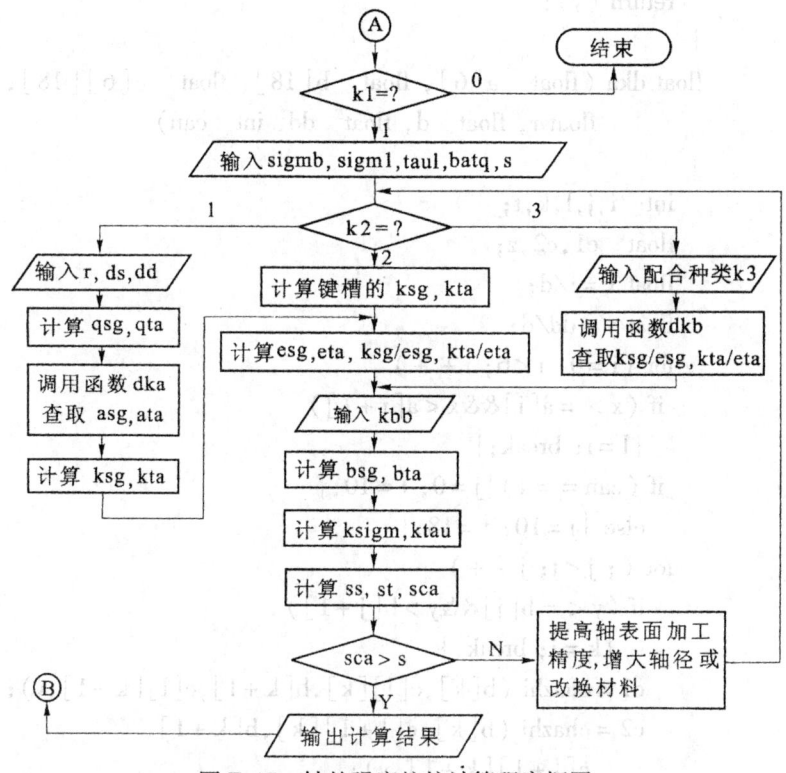

图 E.17 轴的强度校核计算程序框图

(6) 较典型的程序段

轴肩圆角处的理论应力集中系数 $\alpha_\sigma(\alpha_\tau)$ 的查找。数组 a[6] 中存放 r/d 的值,数组 b[18] 中存放 D/d 的值,二维数组 c[6][18] 中存放系数 $\alpha_\sigma(\alpha_\tau)$。当已知 r/d 和 D/d 值时,调用函数 dka 即可。查 α_σ 时, can = 1;查 α_τ 时, can = 2。

```
float chazhi (float x1, float y1, float x2, float y2, float x)
    {
        float y;
        y = y1 + (y2 - y1) * (x - x1)/(x2 - x1);
```

```
    return (y);
}
float dka (float a[6], float b[18], float c[6][18],
          float r, float d, float dd, int can)
{
  int i,j,l,k,t;
  float c1,c2,z;
  float x = r/d;
  float y = dd/d;
  for (i = 0; i < 6; i + +)
   if (x > = a[i]&&x < a[i+1])
      {l = i; break;}
   if (can = = 1){j = 0; t = 10;}
   else {j = 10; t = 18;}
  for ( ; j < t; j + +)
   if (y < = b[j]&&y > b[j+1])
      {k = j; break;}
    c1 = chazhi (b[k],c[l][k],b[k+1],c[l][k+1],y);
    c2 = chazhi (b[k],c[l+1][k],b[k+1],
          c[l+1][k+1],y);
    z = chazhi (a[l],c1,a[l+1],c2,x);
    return (z);
}
```

6. 键的选择计算程序的编制

(1) 程序"kca( )"的适用范围

本程序可根据轴径和轮毂宽度选择普通平键截面尺寸 $b \times h$ 以及键长 L，并进行强度校核计算。

(2) 列出所用计算公式

挤压强度校核公式：$\sigma_P = \dfrac{4T \times 10^3}{dhl} \leqslant [\sigma_P]$

(3)确定程序变量名(见表 E.15)
(4)键的选择计算程序框图

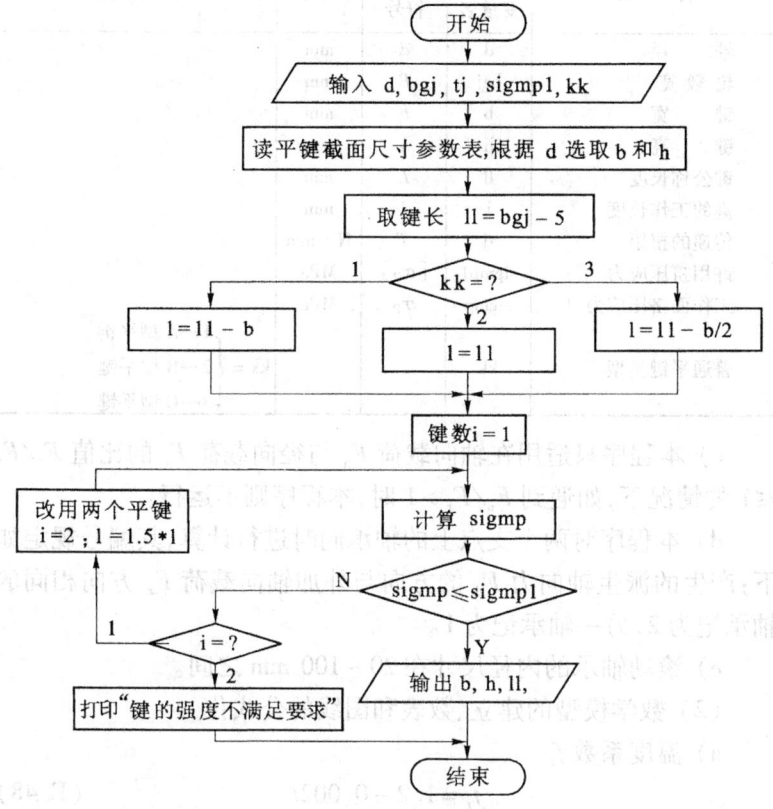

图 E.18 键的选择计算程序框图

7. 滚动轴承选择计算程序的编制

(1)程序"bca( )"的适用范围

a)本程序适用于双支点轴的支点上同时承受径向载荷及轴向载荷联合作用时选择单列滚动轴承。

b)可供选择的轴承类型有 30000、60000、70000C、70000AC 及 70000B 等。

表 E.15 键的选择计算程序变量名

名称	程序变量名	公式符号	单位	备注
轴径	d	d	mm	
轮毂宽	bgj	B	mm	
键宽	b	b	mm	
键高	h	h	mm	
键公称长度	ll	L	mm	
键的工作长度	l	l	mm	
传递的扭矩	tj	T	N·mm	
许用挤压应力	sigmp1	$[\sigma_P]$	MPa	
工作面挤压应力	sigmp	σ_P	MPa	
普通平键类型	kk		$kk = \begin{cases} 1—A \text{ 型平键} \\ 2—B \text{ 型平键} \\ 3—C \text{ 型平键} \end{cases}$	

c) 本程序只适用在轴向载荷 F_a 与径向载荷 F_r 的比值 $F_a/F_r \leq 1$ 的情况下,如遇到 $F_a/F_r > 1$ 时,本程序则不运行。

d) 本程序对两个支点上的轴承同时进行计算,其编号规定如下:产生的派生轴向力 F_d 的方向与外加轴向载荷 F_a 方向相同的轴承记为 2,另一轴承记为 1。

e) 滚动轴承的内径尺寸在 20 ~ 100 mm 之间。

(2) 数学模型的建立、数表和图线的公式化

a) 温度系数 f_t

$$f_t = 1.2 - 0.002t \tag{E.48}$$

b) 载荷系数 f_P

载荷为无冲击或轻微冲击时,$f_P = 1.0 ~ 1.2$;载荷为中等冲击或中等惯性力时,$f_P = 1.2 ~ 1.8$;载荷为强大冲击时,$f_P = 1.8 ~ 3.0$。

(3) 列出所用的计算公式

a) 角接触球轴承和圆锥滚子轴承轴向力的计算

$$F_{a1} = F_a + F_{d2}$$

$$F_{a1} = F_{d1}$$
$$F_{a2} = F_{d2}$$
$$F_{a2} = F_{d1} - F_{a}$$

b）角接触球轴承和圆锥滚子轴承派生轴向力的计算

70000C 型轴承　　　$F_d = eF_r$

70000AC 型轴承　　$F_d = 0.68F_r$

70000B 型轴承　　　$F_d = 1.14F_r$

30000 型轴承　　　　$F_d = F_r/(2Y)$

c）径向当量动载荷的计算
$$P_r = (XF_r + YF_a)f_P$$

d）轴承寿命的计算
$$L_h = \frac{16\,667}{n}\left(\frac{f_t C}{P_r}\right)^\varepsilon$$

e）所需径向基本额定动载荷的计算
$$C' = \frac{P_r}{f_t}\sqrt[\varepsilon]{\frac{60nL_h'}{10^6}}$$

（4）确定程序变量名

表 E.16　滚动轴承选择计算程序变量名

名　称	程序变量名	公式符号	单位	备　注
轴承内径	d	d	mm	
轴承外径	dw	D	mm	
轴承宽度	bb	B	mm	
轴承所受轴向载荷	fab	F_a	N	fab[2]、frb[2]均为数组，存放轴承1、2 的轴向载荷、径向载荷
轴承所受径向载荷	frb	F_r	N	
轴向外载荷	fa	F_a	N	
径向基本额定动载荷	cr	C	N	
径向基本额定静载荷	c0r	C_0	N	
参　数	e	e		e[18]为数组，存放60000 和 70000C 型轴承的 e 值

表 E.16(完)

名称	程序变量名	公式符号	单位	备注
相对轴向载荷	fac0	F_a/C_0		fac0[18]存放60000和70000C型轴承的F_a/C_0值
载荷系数	fp	f_P		
温度系数	ft	f_t		
轴承寿命	lh	L_h	h	
轴承预期寿命	lh0	L_h'	h	
径向当量动载荷	pr	P_r	N	
派生轴向力	fd	F_d		fd[2]为数组,存放两轴承派生轴向力
轴转速	ns	n	r/min	
轴承温度	tl	t	℃	
径向载荷系数	x	X		x[2]、y[2]为两轴承的径向载荷系数和轴向载荷系数
轴向载荷系数	y	Y		
滚动体形状系数	kr			$kr = \begin{cases} 1\text{—球轴承} \\ 2\text{—滚子轴承} \end{cases}$
轴承类型系数	kb			$kb = \begin{cases} 3\text{—30000 型轴承} \\ 6\text{—60000 型轴承} \\ 7\text{—70000 型轴承} \end{cases}$
轴承接触角类型系数	kaf			$kaf = \begin{cases} 1\text{—}\alpha = 15° \\ 2\text{—}\alpha = 25° \\ 3\text{—}\alpha = 40° \end{cases}$
直径系列代号	kd			$kd = \begin{cases} 1\text{—特轻系列} \\ 2\text{—轻系列} \\ 3\text{—中系列} \\ 4\text{—重系列} \end{cases}$
指数	epc	ε		
轴承代号	benb			
结构体数组	bear			bear[85][8][4]存放轴承型号、d、D、B、C、C_0及30000型轴承的Y、e值
数组	y2			y2[18]存放60000和70000C型轴承$F_a/F_r > e$时的Y值
参数	y3、e3			标识30000型轴承的Y值和e值

(5) 滚动轴承选择计算程序框图

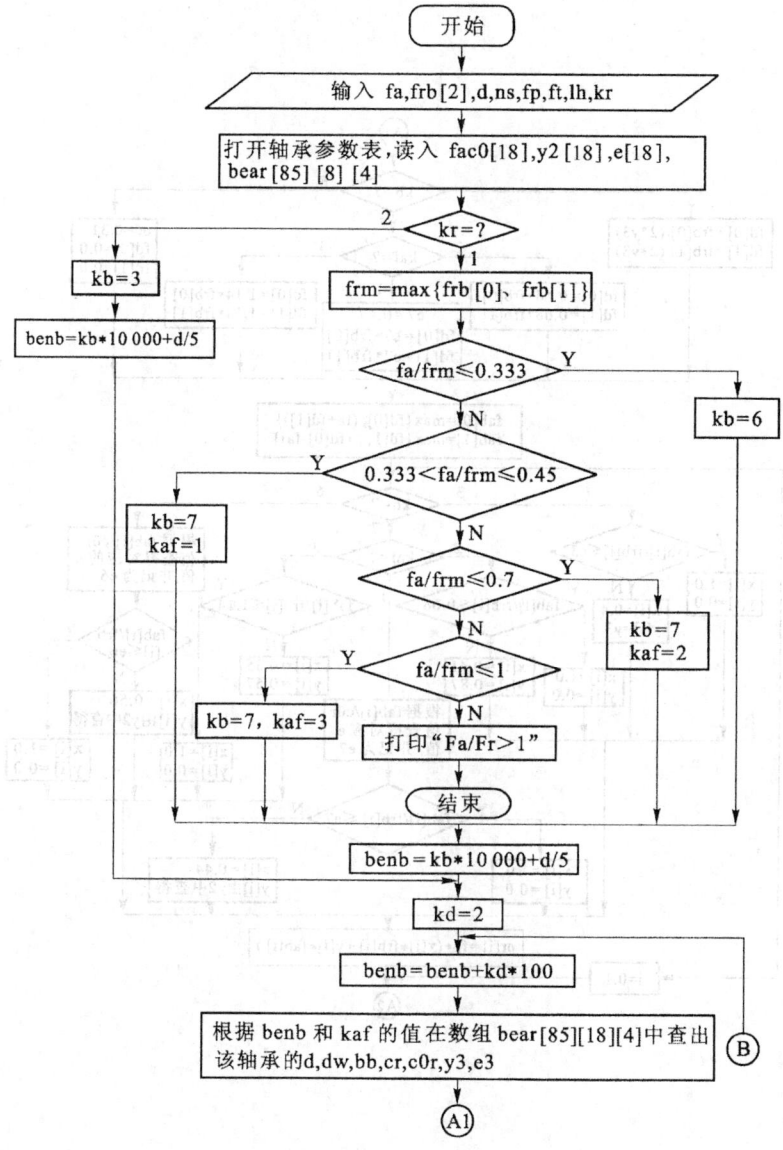

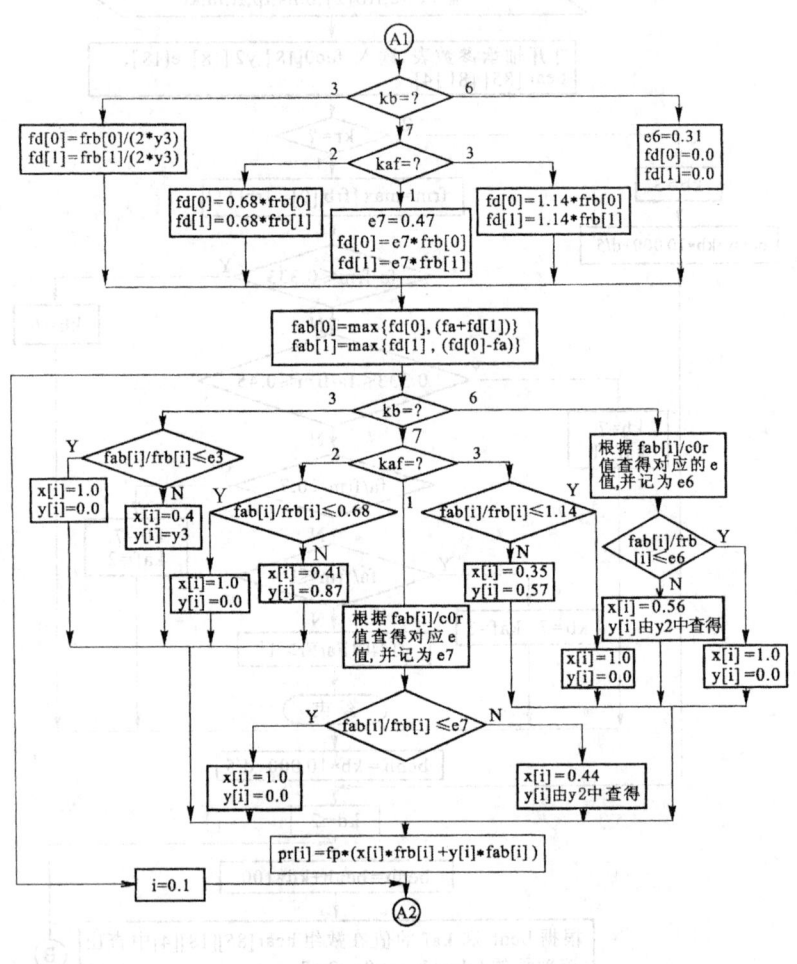

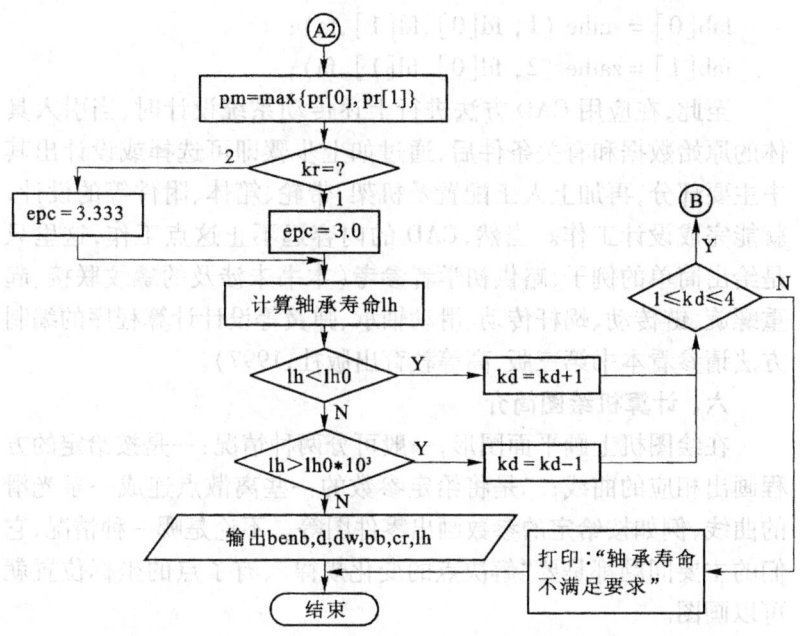

图 E.19　滚动轴承选择计算程序框图

(6) 较典型的程序段

角接触球轴承和圆锥滚子轴承的轴向力计算程序如下：

```
zaihe (int t, float fd1, float fd2, float fa)
  {
    float fab[2];
    fab[0] = (fd1 > = fa + fd2)? fd1 : fa + fd2;
    fab[1] = (fd2 > = fd1 - fa)? fd2 : fd1 - fa;
    if(t = =1) return (fab[0]);
    if(t = =2) return (fab[1]);
  }
```

求轴承1、2的轴向力 fab[0]、fab[1]时，只要用如下调用语句即可。

fab[0] = zaihe (1, fd[0], fd[1], fa);
fab[1] = zaihe (2, fd[0], fd[1], fa);

至此,在应用 CAD 方法进行上述传动系统设计时,当引入具体的原始数据和有关条件后,通过如上步骤即可选择或设计出其中主要部分,再加上人工配置及机架、带轮、箱体、附件等的设计,就能完成设计工作。当然,CAD 的内容远不止这点工作,这里只是给出简单的例子,略供初学者参考(本书未涉及的螺纹联接、起重螺旋、链传动、蜗杆传动、滑动轴承、弹簧等设计计算程序的编制方法请参看本书第三版,高等教育出版社,1997)。

六、计算机绘图简介

在绘图机上画平面图形,一般可分两种情况:一是按给定的方程画出相应的曲线;二是将给定参数的一些离散点连成一条光滑的曲线,例如按给定的参数画出零件图等。不论是哪一种情况,它们的主要问题都是要"解决点的变化规律",有了点的坐标位置就可以画图。

1. 自动绘图机的工作原理

自动绘图机所能做的最基本工作就是画直线,而所有的平面图形都可以用折线去逼近。

自动绘图机的绘笔一般有八个移动方向(图 E.20),而任何图形都可以看成是绘笔在 X、Y 方向合成运动的轨迹,用绘图机绘图实际上就是控制绘笔在 X、Y 方向的运动。因此自动绘图机一般都有两个步进电机,分别控制绘笔在 X、Y 方向的运动。绘笔一般是由步进电机通过减速装置来带动的。控制机每送出一个脉冲,笔架就按规定走一定的距离,这个距离叫步距,单位是 mm/步。由于绘笔只有这八个移动方向,因此由绘图机画出的曲线实

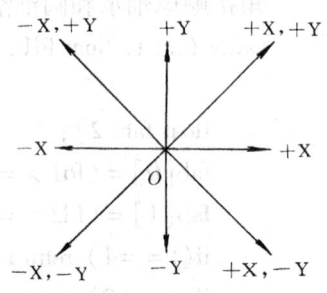

图 E.20　自动绘图机绘笔移动方向

际上都是一些阶梯形的折线。如果步距取得很小,小到 0.1mm/步,则曲线看上去就比较光滑了。为了使曲线光滑,要在规定的坐标之间,根据一定的规律补入足够的数据,这个工作是由插补器来完成的。

2. 自动绘图机的插补原理

自动绘图机的插补方法很多,有逐点比较法、正负法、脉冲分配法、数字积分法和微分分析法等。下面对最常用的逐点比较法作一简介。

用自动绘图机绘图,画直线时是给出直线的起点及终点坐标;画圆弧时只给出圆心坐标、半径 R、起始角和终止角的角度。而中间的所有点都是由计算机经过插补运算后给出,并输出指令脉冲控制绘笔在 X 方向及 Y 方向移动,画出曲线。

用逐点比较法进行插补运算时,绘笔每走一步都要把绘笔的当前位置和理想图线比较一次,判断误差,并确定下一步的走向,它的过程如图 E.21 所示。

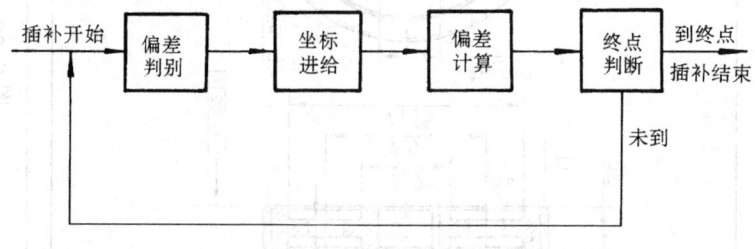

图 E.21　绘笔的插补过程

绘笔每走一步就作一次比较,计算一次偏差。如果不到终点,则继续进行插补,直到结束为止。

3. 自动绘图机画图举例

图 E.22 所示的齿轮工作图,就是按照设计结果和制图要求,利用绘图软件(AutoCAD)在计算机上生成图形,然后用自动绘图机画出的。

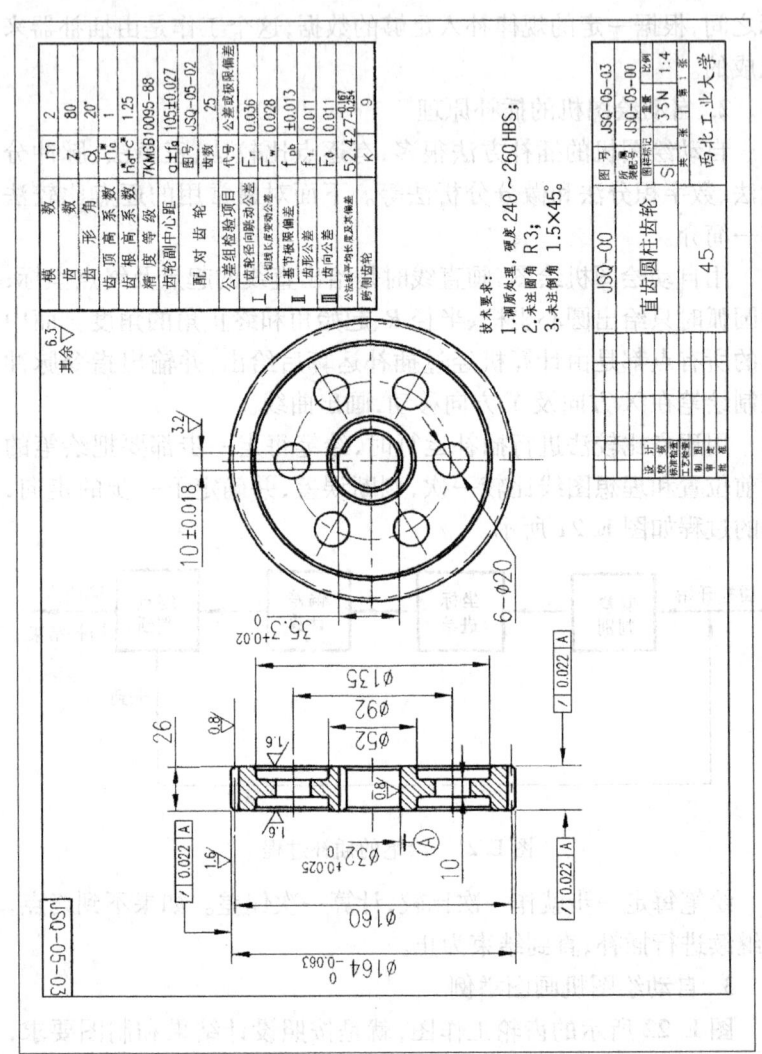

图 E.22 齿轮工作图

E.4 其它几种较常见的机械现代设计方法简介

在教材§2-11中提到的现代设计方法中,除了前述 OD、RD、CAD 外,并行设计(CD)已在该节中简要介绍,摩擦学设计(TD)已在教材第四章中简略说明,余下的几种较常见的现代设计方法现作如下简介。

1. 设计方法学设计(DMD)

设计方法学是系统地研究设计的思维方法、进行程序与战略策略,总结设计规律与启发创造性的一门新兴学科,按其总结出的合理步骤与战略战术进行设计的过程称为 DMD。有关内容可参看 G.2(29、30)(指本书附录 G.2 所列参考书 29 及 30,下同)。

2. 基于实例设计(CBD)

这个设计工作系统是根据市场信息或用户对产品功能要求的描述(包含全部约束条件)抽象出实例特征,并建立相应的筛选判据;按照这些判据从实例库中选出与设计要求最接近的实例,对比二者的差别,并调整所选实例中不能满足要求的因素,得出建议方案;经过评选及用户修正,生成最终的设计方案,同时充实或更新实例库(如不能得出最终方案则重复上述过程进行循环)。

3. 质量驱动设计(QDD)

这种设计方法要求设计人员在充分获取设计对象有关信息的基础上,系统地转化为产品质量特征,综合而细致地考虑从用户需求直到产品报废的整个生命周期的质量(包括产品功能、性能、可制造性、可装配性、可靠性、可维修性、环保性、可回收性及开发难度等),进行合理的质量功能配置(quality function deployment),并反复进行质量评价,从而获得价格合适而又质量恰到好处的产品(right quality product)。

4. 参数化设计(PD)

它是在综合分析产品结构形状、尺寸关联、工作状态等特征的基础上,抽象出结构拓扑关系及全部约束条件,根据参数化要求建立数学模型,通过 CAD 系统中的交互技术与尺寸驱动方法实现产品的创新或变型设计,并进行必要的校核与认定。参数化设计系统主要包括零件(机构)选型、结构参数设计、制图与二维图形显示、强度及干涉校核等。

5. 分形设计(FD)

分形设计是以美国 IBM 公司的 B. B. Mandelbrot 于 1978 年提出的"分形几何基本理论"为基础,用于更复杂的产品设计的一种方法。它使设计型专家系统对于设计自动化技术从数值及图形处理自动化进而走向符号与逻辑处理自动化,为复杂产品的设计提供了一个新的途径。有关内容可参看 G.2(32)。

6. 智能设计(ID)

它是利用设计专家与计算机的人机结合系统所具有的智能特征与水平来帮助或代替专家进行设计数据、信息与知识等的处理与操作,从而自动完成对设计对象和有关环节进行合理选择、设计、评价与决策的过程。显然,它是设计自动化的核心部分,必须在神经网络、人工智能、各型专家系统及大量库类文件的支持环境下运作,以完成其决策自动化的功能。具体内容可参看 G.2(32)。

7. 虚拟产品设计(VPD)

虚拟产品设计是根据设计对象的全部信息,综合运用现代化技术建立全数字化的特征信息虚拟模型及动态运作模式,进行并行设计过程的管理,通过仿真、监测、反馈与协调,以及反复评价与最终决策,从而获得满意的设计方案。

8. 网上设计(OND)

网上设计是由于网络技术及三维可视化技术的发展,可约请用户直接参与新产品或变型产品的设计、修正、评价与决策,使用户需求充分体现在设计过程中,以实现由传统的单向式设计转向双向式设计(这在国外某些飞机的设计中已经实现)。此外,由于多媒体传播技术及设计自动化水平的提高,与产品相关的几个单位通过网络异地协同设计与制造,也逐渐成为网上设计的组成部分。

另外,近些年来,用于对已有或引进产品设计的分析或再设计(复制或变型设计)的"反求(逆向)工程(inverse engineering)",以及用于解决不同用户异类复杂要求的多品种、小批量产品设计问题的"大批量订制设计(design for mass customization)"等现代设计方法亦逐渐为设计工作者所重视。

F. 创新的重要性及机械创新设计的构思途径简介

一、创新的重要性

在古今中外人类社会语言的海洋中,最宝贵、最诱人、最富生命力的词汇莫过于创新(创造、发明)。创新是人们在社会实践中针对某个目标(有时也可能是通过灵感思维而捕捉到的突发目标),充分而深层地运用思维、智慧、知识和经验,创建出一个前所未有的、有利于经济与文化发展和社会进步的崭新成果的过程,是人类崇高的行为和事业。在远古社会中,被人们奉为神明的伏羲氏、神农氏、有巢氏、轩辕氏等就是伟大的创造家或发明家。人类的历史本来就是不断创造和发明事物、改造和利用自然、改革和推进社会,使之持续进步的文明史,因而创新是物质财富和精神财富的源泉和社会发展的基本条件,是人类社会一切劳动的主旨和核心。

创新的过程一般可以概括为三个阶段,即探索发现问题、形成崭新概念、提出独创设想和手段导致成果实现。显然,这些阶段都必须贯穿着创造思维的全部活动,都必须建立在知识因素(创造力的基础)、智力因素(敏感性、想像力、胆识等创新的突破能力)、非智力因素(环境、动力、兴趣等)、创造技法(技术、方法、工具、程序等)以及它们的升华或飞跃上,才能在各个阶段中找准方向、掌握方法、精心运作,直到取得创造性成果。

二、创新意识和创新能力的培养

在各式各样的社会活动中,虽然感性的创新动机大多数人都能或多或少地激发或遇到,但是并不一定能够形成理性的创新意识,更不一定能够立即得到创新能力的扶持和催化。因为创新能力并不是天生的,拥有灵敏的感观、渊博的知识、丰富的经验和物质条件,并不必然具有很强的创新能力(虽然创新成果的大小常常会反映出一定的知识水平)。所以人们的创新能力有赖于创新教育和自身的培养,需要进行创造学、创造哲学、创造工程学、创造心理学等方面的学习和实践锻炼,从而了解创新的规律,熟悉创造思维的途径(直觉的、逻辑的、扩散的、收敛的等)和创造技法(智力激励法、提问追溯法、联想类推法、反向探求法、系统搜索法、组合创新法以及它们的子方法),方能掌握锐利的武器去揭破创造的奥秘,勇于激发洞察力去侦探问题,勤于运用想像力去创新思维,敢于突破惯例等的束缚去独出心裁地攻占新阵地。

三、机械创新设计的一般构思途径简介

就设计工作中的创造性来说,可将设计区分为创新(创造、发明)设计、变型(革新、改进)设计及继承(类比、仿制)设计。但就设计的主旨来说,创新设计无疑是设计工作的核心。大到超导列车、航天器的创新设计,小到手表、拉链的创新设计,都在推动社会进步和改善人类生活方面发挥着广泛的作用。

关于机械创新设计的一般构思途径,教材§2-11中从总体上概括出的机械现代设计方法的一些特征,实质上也是机械创新设计的一些构思途径。常见的创新设计除了新的设计理论、计算方法、检测装置以及新结构、新材料、新工艺的运用外,还常考虑探索如下一些途径。

1. **多学科交叉、渗透和融合** 如在机械设计中除了常会涉及到的液压和气动外,还可与电、磁、声、光、热等的一种或几种合为一体进行设计,以扩展机械的功能或提高其工作性能,使之闯入创新的设计领域。

2. **多因素分析和新奇对策** 在已有的设计中,为了简化内容往往要通过假设而忽略掉某个或某些影响因素,但在一定的条件下,被忽略的因素可能起着重要的、甚至是决定性的作用,这时针对具体工况研究出新奇的对策,显然会使产品扩大应用范围或延

长使用寿命,从而提高竞争能力和经济效益。

3. 新颖零部件和机构的设计　从现有的零部件和机构来看,都还存在较大面积的创新余地,特别是当工况或参数特殊时,通常会提出对产品零部件或机构进行创新设计的需求。

4. 传统零件的新组合　通过对设计成熟的原有基础件或它们的变种进行重新组合来实现创新设计,也是重要的构思途径之一,而且这方面还有不少潜力可以发掘。如超环面传动(见教材参考文献[73])实际上就是由传统零件的新组合而创新设计出来的。

另外,通过市场调查、社会调查、联网信息及分析研究某些相关的专利产品或项目(已超过和未超过保护期的),也会有助于创新设计的构思。关于创新设计的论述及事例可参看 G2(29、33)。

当前,面对我国两个文明建设迅猛发展的高潮,建设现代化,归根到底是培养人的现代化,是人的创新思维和创新能力的现代化。国际社会的竞争是科学技术的竞争,是人才的竞争,说到底还是创造力的竞争。我们中华民族是世界上具有强劲创造力的伟大民族之一,我们的祖先已经做出了光辉的业绩,我们也一定能够奋发图强,锐意进取,在各自的工作领域里再创辉煌!

G. 本书附录

G.1 结合生产、实习、参观或日常生活学习《机械设计》各章有关内容的提示

第一章 绪 论

1.1 观察分析一台经常接触的机器,搞清它包括哪些部件和哪些机构,各个机构是由哪些零件组成,哪些是通用零件,有无专用零件,哪些是标准件,哪些是非标准件。

1.2 分析一台机器(或部件)中的零件,判别哪些是联接件,哪些是传动件,哪些是轴系零件,哪些是其它零件。

1.3 选出一台机器,分析一下它有哪些系统,为什么要有这些系统。

第二章 机械设计总论

2.1 找出一台机器,分析一下什么是它的原动机部分(用的什么原动机,有几个)、哪些是传动部分(用了些什么类型的传动)、哪里是执行部分(有几个,用的是什么工作原理,可否用别的工作原理代替),原动机的运动形式、运动参数及动力参数与执行部分的有何差别,为什么要进行变换。

2.2 选出一台不太复杂的机器,自己先考虑一下它应该有哪些设计要求,是经过哪些阶段设计出来的,然后请教设计人员,弄清实际上有哪些设计要求,能否得到满足,具体的设计程序如何。

2.3 找出一台报废的机器,了解它为什么报废,失效的零件有什么具体表现,分析一下是什么原因造成的。

2.4　找出两个需要经过计算的零件,分析它们要用到哪些计算准则,然后了解一下实际上是怎样计算的。最好能查看一下计算说明书。

2.5　选定两个零件,了解工厂里设计它们时考虑哪些要求,设计步骤怎样。

2.6　调查工厂里对哪些零件通常采用经验设计,为什么,有没有采用模型实验设计的方法设计出的零件,为什么要采用。

2.7　到工厂的材料库了解一下常用些什么材料,它们的价格和市场供应情况怎样,有什么新品种的材料。

2.8　找出几个失效的零件,了解一下它们的具体工况和设计要求,看看用的什么材料,搞清用的什么毛坯,是否经过热处理,怎样加工的。最好能看看它们的生产图纸。

2.9　找出几个零件,了解一下它们从设计到装配的全部生产流程,并向设计、加工和检验人员请教他们对标准化的贯彻情况和看法。

2.10　调查工厂设计部门目前已采用了些什么现代设计方法,效果如何,有哪些改进意见和措施,还准备推广什么新的设计方法,厂里有无独特的新产品,有什么设计特点。

第三章　机械零件的强度

3.1　选出一、二个较为典型的零件,分析它们工作时产生的应力(静应力还是变应力,如为变应力,其变化规律怎样),判定它需要进行哪些强度计算。设计部门对哪些零件通常不作强度计算。

3.2　根据上述零件的工况、材料、制法、重要性等,确定它们在强度计算中应取多大的许用应力或安全系数。

3.3　找出一、二个承受接触应力的零件,校核一下能否满足强度要求。

3.4　了解一下喷丸、滚压、渗碳、氮化、喷镀等工艺过程,看看哪些零件需要进行这方面的处理,原因何在。

3.5 选出两个带有应力集中源的零件,了解在强度计算中如何考虑应力集中的影响。

第四章 摩擦、磨损及润滑概述

4.1 了解设计、制造和使用机器的部门对于受到摩擦、磨损的零件表面采取什么对策。

4.2 注意新装配完毕的机器或部件是否进行磨合(跑合)运转,磨合时的工况和目的是什么。

4.3 观察磨损报废的零件,了解有关工况及改善或修复的办法,以及有无备用件。

4.4 了解两台机器使用哪些牌号的润滑油或润滑脂,其性能指标怎样,另外有没有掺和添加剂,用了什么添加剂,起什么作用。

4.5 上述机器怎样供油或加脂?用了什么润滑装置?多长时间更换润滑油?用过的润滑剂是否加以回收和处理?

4.6 了解一台机器用哪些密封装置(最好在机器大修或中修时进行实地观察)。

第五章 螺纹联接和螺旋传动

5.1 了解一台机器上哪些地方用了螺纹联接,用的是哪一类螺纹联接件,为什么用这一类联接。

5.2 机器上安装螺栓处,螺栓头及螺母的支承面有没有加工过?为什么?

5.3 你见到哪些螺栓组?螺栓是怎样布置的?为什么?你认为其中哪个螺栓受力最大?这组螺栓的规格是否一样?为什么?

5.4 实习工厂里最常用的是什么螺钉?直径范围是多少?什么材料?怎样制成的?螺钉上的哪些面加工过?

5.5 你看到哪些防松装置?用在什么地方?是否需要?用

另一种防松办法代替好不好?

5.6 你看到的机器上有没有用到铰制孔用螺栓?用在什么地方?这种螺栓有何特点?孔要经过哪些加工?

5.7 螺栓孔直径与螺栓直径相比,何时大得多?何时稍大?是根据什么取定的?

5.8 有无装在盲孔里的螺钉?如有,钻孔的零件是什么材料?孔钻多深?螺纹攻多深?螺钉装进多深?为什么?

5.9 安装的螺栓有没有预紧?预紧力的大小是怎样控制的?你看到报废的螺钉或螺栓没有?分析一下是怎样报废的。

5.10 实习工厂有哪些地方用到了传动螺旋或起重螺旋?用的是什么螺纹?头数多少?是否有自锁作用?那个螺旋起重器的起重量是几吨?它的螺杆直径大致是多少?

5.11 工厂里有没有用到滚动螺旋(滚珠、滚子或行星滚子螺旋)?用在什么地方?起什么作用?如有可能,最好了解一下它的构造和工作原理。

第六章 键、花键、无键联接和销联接

6.1 你见到机器上用了哪些键和花键?为什么要在那个地方使用?它们的材料、标准、安装位置和定心方式怎样?轴上及轮毂上的键槽是怎样加工出来的?外花键及内花键又是怎样加工的?

6.2 你见过什么样的无键联接?用在什么地方?怎样加工的?

6.3 哪些地方用了销?是圆柱销还是圆锥销?起什么作用?销孔是怎样加工的?用于定位时,常用几个销?位置和间距怎样取定的?

6.4 有没有用到胀紧联接?什么类型和规格?怎样装配的?是否经过计算?

第七章　铆接、焊接、胶接和过盈联接

7.1　你看到什么样的铆接件？铆钉直径多大？钉距多少？边距多少？怎样铆接的？

7.2　你看到什么样的焊接件？用什么材料制成的？焊缝属于哪一类？怎样布置的？用的什么牌号的焊条？怎样焊接的？有没有自动焊？

7.3　上述焊接件的焊缝强度计算不计算？如要计算时应该怎样算？

7.4　有没有看到胶接件？用什么材料做的？用什么胶粘剂？胶接的工序怎样？胶接件的受力情况怎样？是否进行强度计算？如果计算，是怎样计算的？

7.5　有没有看到过盈联接？它们用在什么地方？配合尺寸多大？过盈量多少？受什么载荷？怎样装配的？

7.6　你看到的过盈联接装配后将来还拆不拆？怎样拆法？打算装拆的次数多不多？

第八章　带传动

8.1　你看见过哪些类型的带传动？它们分别用在什么地方？哪个地方最常用哪种类型的带传动？中心距多大？

8.2　实习工厂中使用的带有哪几种？它们的型号及规格如何？有没有接头？用什么接头？

8.3　平带传动中的哪一个带轮常作成鼓形的？为什么？V带用的最小带轮基准直径有多大？包角有多大？用的是普通V带还是窄V带？

8.4　注意观察带轮的结构有哪些种，并绘制出它们的草图。

8.5　带传动是松边在上还是紧边在上？为什么？

8.6　有没有看到加装张紧轮的带传动？张紧轮装置的结构如何？张紧轮放在松边还是紧边？靠近小带轮还是大带轮？为什

么?

8.7 带在带轮上是怎样张紧的？带的初拉力有多大（用手压一压试试）？有无仪器测量？如无仪器时可用什么方法测量？

8.8 你看见在同一带轮上最多并排装几根 V 带？为什么应对根数加以限制？

8.9 在并排安装的几根 V 带上，用粉笔沿垂直于带长方向在带面上画一直线作记号，用手将带轮转动几圈（或开车转一会儿），再看看那根粉笔线有什么变化？为什么？

8.10 有没有看到特殊形状的带？用在什么地方？为什么做成特殊形状？起什么作用？

第九章 链 传 动

9.1 你在什么机器上看到哪个类型的链？其链节多长？每节由哪几个元件组成？为什么采用这种结构？

9.2 所见的链传动传递多大功率？链的速度多大？松边在上还是紧边在上？传动时链有无上下跳动的情况？

9.3 上述链传动有无润滑？用什么润滑剂？怎样供给？连续供给还是间歇供给？如属后者，多久供给一次？

9.4 所见的链传动的传动比多大？小链轮有几个齿？链节是偶数还是奇数？哪一种好？为什么？

9.5 如果用别的传动来代替那个链传动，会出现什么有利或不利之处？

9.6 找一根报废的链条，分析一下失效原因。

9.7 观察一下链轮的结构，用的是什么齿形？用的是轮辐还是腹板？如有报废的链轮，分析一下报废的原因。

第十章 齿 轮 传 动

10.1 注意观察齿轮有哪些失效形式，什么机器上的齿轮容易发生什么样的失效。你看到的是什么样的失效？失效的机理是怎样的？

10.2 实习工厂中加工的齿轮常用什么材料？怎样制备毛坯？制出的齿轮用在什么机器上？精度如何？齿面硬度多少？是否经过热处理？热处理工艺及设备是怎样的？

10.3 你见到在什么地方使用斜齿圆柱齿轮？轮齿螺旋角有多大？左旋还是右旋？与其配对的齿轮的螺旋角旋向怎样？你看到的人字齿轮、锥齿轮用在什么地方？

10.4 注意观察所见到的各种齿轮各部尺寸大小和结构形式，哪些结构好，尺寸合适，哪些结构不合理，为什么？

10.5 齿轮传动是如何润滑的？怎样加油？加什么牌号的油？油的粘度有多大？什么样的齿轮传动是用润滑脂润滑的？

10.6 你所见到的小齿轮的齿数最少到多少？齿顶尖不尖？有没有根切？是不是变位齿轮？为什么？

10.7 工作图上齿轮的尺寸和公差如何标注？技术条件如何写？实习工厂里对这两方面有没有自己的规定？

10.8 传递动力的一对圆柱齿轮是大齿轮做得宽些还是小齿轮做得宽些？什么原因？一对锥齿轮有没有大、小齿轮齿宽不相等的？为什么？

10.9 齿轮由毛坯到成品是如何制造的？常用哪些机床制造？经过哪些热处理？经过哪些检验？用什么检验手段及设备？

10.10 齿轮安装的装配图上常有哪些要求？根据哪些条件判断其位置是否正确？

第十一章 蜗杆传动

11.1 你在什么机器上见到蜗杆传动？什么类型的蜗杆？头数多少？有无自锁性？传递的功率多大？蜗杆和蜗轮的尺寸多大？用什么材料做的？怎样润滑的？有无磨损、胶合等现象？

11.2 当工厂加工蜗杆、蜗轮时，细心观察蜗杆如何切削，用什么机床，刀子怎样放，蜗轮又怎样加工，用什么刀具，在什么机床上加工的。

11.3 注意蜗杆和蜗轮的结构尺寸(如蜗杆上切齿段的长度等),图纸上怎样标注尺寸和公差,技术条件的内容是什么,起什么作用。

11.4 在安装蜗杆传动时,如何进行调整以达到正确的啮合位置?

11.5 查找一下有没有用到比较特殊的蜗杆(如环面蜗杆、锥蜗杆、滚动蜗杆等)。

11.6 找出两台传动功率相接近的齿轮传动和蜗杆传动,比较一下它们的总体尺寸和传动比大小。

第十二章 滑 动 轴 承

12.1 你见过些什么样的滑动轴承?它们的结构形状及尺寸如何?是剖分的,还是整体的?轴承座是什么样的?用几个地脚螺栓固定的?

12.2 轴瓦用什么材料做的?做成什么样子?如何安装的?工作表面的粗糙度如何?

12.3 轴瓦上是否浇铸耐磨合金?耐磨合金是什么材料?如何使耐磨合金牢固地附在轴瓦上?

12.4 安装轴和轴承时如何调整轴瓦?轴承与轴之间的径向间隙有多大?如何调整的?

12.5 你看到的滑动轴承是径向轴承还是止推轴承?是液体动力润滑轴承还是不完全液体润滑轴承?

12.6 上述轴承的宽度与轴承孔直径之比是多少?比值大了或小了各有什么优缺点?

12.7 你看到的轴承是如何润滑的?用什么油润滑?粘度多大?轴颈尺寸多大?转速多大?用什么润滑装置?轴瓦上的油沟位置在什么地方?油沟的形状怎样?工作时的轴承温度有多高?有些热还是烫手?

12.8 有没有见到静压轴承或特殊的滑动轴承？它们用在什么地方？性能上有何优缺点？

第十三章 滚 动 轴 承

13.1 在哪些机器上哪些地方用了滚动轴承？常用些什么代号的？注意滚动轴承的结构及工作情况（什么轴承受的什么载荷？转速多高？）。

13.2 滚动轴承是如何安装在轴上及轴承座内的？它们之间常用什么配合？

13.3 滚动轴承常用什么润滑剂？润滑装置如何？采用脂润滑时，多久加一次润滑脂？有没有看到采用浸油润滑？轴承浸入油中多深？为什么？看到采用飞溅润滑的没有？如何飞溅供油？

13.4 用什么装置防止润滑剂从轴承中流出及灰尘从外部进入？

13.5 通常一对滚动轴承能用多久？报废的轴承究竟是什么地方坏了？分析一下报废的原因。

13.6 工人安装角接触轴承时，怎样调整松紧度？自己用手转转看。

13.7 你看到拆卸滚动轴承时用的是什么工具？怎样拆的？为什么？

13.8 滚动轴承在工作时温度多高？停车时用手摸摸轴承外面有多热？

13.9 有没有见到两个或三个轴承组合起来使用？用在什么情况下？为什么？如何安装的？

13.10 有没有见到使用调心轴承或滚针轴承？用在什么地方？为什么在那里要使用这种轴承？

第十四章 联轴器和离合器

14.1 你看到的轴与轴是用什么联接起来的？两轴的对中性

· 247 ·

好不好？转动时有没有相对位移？

14.2 有没有看到轴线间夹角较大的两轴？它们是用什么联接起来的？能不能保证两轴的角速度相等？

14.3 你见过哪些类型的联轴器？哪一种性能较好？为什么？

14.4 是否见过需要随时联接或脱开的两轴？它们是用什么联接的？什么原理使两轴能够随时联接或脱开？自动的还是要人工操纵的？

14.5 查找一下有没有用来限制转矩或限制转速的离合器？如有，了解一下它的构造和工作原理。

14.6 你见过哪些类型的离合器？各用在什么情况下？

14.7 普通自行车正蹬时前进，倒蹬时不起作用，这里用的是什么离合器？带倒蹬闸的自行车用的是什么离合器？

14.8 汽车司机用手搬动操纵杆使汽车变速（换档）时，为什么要用脚去操纵离合器？这里用的是什么离合器？

第十五章 轴

15.1 你在工厂见过些什么样的轴？它们用什么材料做的？轴上装些什么零件？直径多大的轴传递多大的功率？转速多高？

15.2 若一根轴上装了几个零件，应注意轴直径大小的变化、过渡圆角半径大小、轴的加工精度及表面粗糙度等。

15.3 轴上做些轴肩、轴环、沟槽、中心孔等各有何作用？

15.4 装于轴上的零件如何保证在安装时恰恰装到正确的位置？如何保证这些零件不会作轴向移动？要在轴上移动的零件是怎样与轴联接的？对轴的结构有什么要求？

15.5 轴与齿轮、带轮、联轴器等轴上零件各常用什么配合？

15.6 不转动的轴是怎样固定的？受载时轴中产生的应力与转动的轴有何不同？

15.7 仔细读一读工厂里生产的或使用的轴的生产图纸，了解一下轴的全部加工工序。

15.8 查看一下有没有用到钢丝软轴、曲轴、光轴、空心轴等，用在什么地方，为什么要用它们。

第十六章 弹　簧

16.1 你看到哪些弹簧？它们用在什么地方？弹簧丝是什么材料和规格？弹簧怎样绕制的？绕好后还经过些什么工序？那些工序起什么作用？怎样进行检验？

16.2 有没有看到有预应力的圆柱螺旋拉伸弹簧？它是怎样绕制的？用在哪个地方？有什么好处？

16.3 有没有看到变刚度的弹簧？结构上有何特点？为什么那个地方要用它？

16.4 查看一下有没有用到板簧、碟形弹簧、环形弹簧等，用在什么地方，怎样制造和安装的。

16.5 找找看有没有报废的弹簧，如能找到就分析一下报废的原因。

第十七章　机座和箱体简介

17.1 你见到的机座及箱体属于什么类型？用什么材料做的？怎样制造的？

17.2 机座及箱体上有无肋板？怎样布置的？有无钩、环、孔等？做什么用的？哪些面上加工过？为什么要加工？机座及箱体是怎样固定的？

17.3 你见到的机座或箱体采用了什么形状的截面？有没有更合适的截面？为什么？

17.4 机器运转时，机座或箱体有无明显的振动？有无防振措施？

· 249 ·

第十八章 减速器和变速器

18.1 你见到的减速器有哪些类型？是不是标准系列的？它们的主要性能参数和外廓尺寸怎样？

18.2 减速器的箱体上装有哪些附件？各起什么作用？箱体内外有什么结构上的特点？

18.3 如减速器的箱盖能打开时，看看传动件与箱体的间隙多大，轴承是怎样安装的，润滑油浸到齿轮什么地方，箱体内壁上有无涂层，涂的什么，轴承是怎样润滑的，如果不是单级的，其传动比是怎样分配的。

18.4 有没有看到特殊的减速器或增速器？它们用在什么地方？其构造和工作原理有什么特点？

18.5 有没有看到摩擦轮传动？属于什么型式？用在什么场合？那里为什么要采用摩擦轮传动？

18.6 试用简图表示定传动比的和变传动比的摩擦轮传动各一种。

18.7 为什么无级变速器中常采用摩擦轮传动？试举出在机械中的一个应用实例。

其 它

1. 哪些零件常用铸造？它们的形状、壁厚、转弯和交叉处有什么特点？主要用什么材料？分箱面位于何处？哪些面上有拔模斜度？斜度有多大？怎样浇铸的？铸件上有无缺陷？

2. 哪些零件用焊接？批量大不大？用什么焊接方法？什么焊缝？什么材料？什么焊条？

3. 哪些零件多用锻造？它们的形状复杂否？尺寸大小如何？锻造零件应设计成什么样子才能锻造方便？你看到的是什么锻件？多长时间锻好一个？

4. 你见到的冲压件是些什么形状？用什么材料做的？用什

么机床制造？怎样下料？下料时应注意些什么问题？

5. 机械加工的零件应设计成什么样子才便于加工？看到过什么样的难加工零件？为什么？常用哪些材料制造？毛坯是怎样的？有没有不合理的结构形状？怎样改进？有没有看到机械加工中报废的零件？为什么报废？

6. 有条件时多看看生产图纸，了解零件图上标注哪些，装配图上又标注哪些，为什么这样标注，一般标注哪些技术条件。

7. 分析一下所看到的零件或图纸采用了哪些节约材料或降低成本的措施。

8. 注意哪些零、部件上要加装机匣、壳体或防护罩，什么原因。

9. 从生产现场上看，应从设计上考虑哪些措施来保证加工过程中的安全？

10. 实习工厂里除了用国家标准、部颁标准外，有没有自己的厂标或规范？有些什么内容？那个工厂订出自己的厂标或规范有什么好处？

11. 工厂里有没有采用计算机辅助设计？设备情况如何？设计哪些内容？使用效果如何？工厂有哪些想法？还准备采用哪些现代设计方法？

12. 你认为那个工厂里哪些零件应该采用计算机辅助设计？怎样编写它们的设计计算程序？

13. 你认为那个工厂生产的产品应怎样在不增加成本的条件下改进设计方法或提高产品质量？

14. 你所看到的生产设备应如何提高劳动生产率、自动化程度或改善劳动条件？

15. 工厂里的"拳头"产品是什么？市场占有率如何？能不能对这种产品再作改进？有无创新产品？特点是什么？创新过程怎样？有无专利产品？有何特点？创新及专利产品的社会效益及经济效益各如何？

G.2 机械现代设计方法常用参考书目录

（未注明出版单位者均为北京：高等教育出版社出版）

1. 王步瀛、陈庚梅、吴琦编．现代机械设计方法综述．1985
2. 戚昌滋主编．机械现代设计方法学，北京：中国建筑工业出版社，1987
3. 许尚贤编著．机械零部件的现代设计方法．1992
4. 张鄂．现代设计方法，西安：西安交通大学出版社，1998
5. 黄纯颖编著．工程设计方法，北京：中国科学技术出版社，1989
6. 周济编．机械设计优化方法及应用．1989
7. 陈立周等编著．机械优化设计．上海：上海科学技术出版社，1982
8. 余俊，廖道训主编．最优化方法及其应用．武汉：华中工学院出版社，1984
9. 吴兆汉，万耀青，汪萍，侯慕英编著．机械优化设计．北京：机械工业出版社，1986
10. 濮良贵、王三民、周鸿编著．机械优化设计．西安：西北工业大学出版社，1991
11. 胡毓达著．实用多目标最优化．上海：上海科学技术出版社，1990
12. 陈国良、王煦法、庄镇泉．遗传算法及其应用．北京：人民邮电出版社，1996
13. 刘杨松、李文方．机械设计的模糊学方法．北京：机械工业出版社，1996
14. 徐灏编著．机械强度的可靠性设计．北京：机械工业出版社，1984
15. 牟致忠编著．机械可靠性设计．北京：机械工业出版社，1988
16. 卢玉明编．机械零件的可靠性设计．1989
17. 陈健元编著．机械可靠性设计．北京：机械工业出版社，1988
18. 胡师金，刘贵生编著．机械可靠性设计．郑州：河南科学技术出版社，1987
19. 刘善维．机械零件的可靠性优化设计．北京：中国科学技术出版社，1993
20. 张言羊等编．机械零件的计算机辅助设计．1986
21. 余俊等编著．机械 CAD 基本教程．武汉：华中工学院出版社，1987
22. 黄少昌等编著．计算机辅助机械设计技术基础．北京：清华大学出版

社,1988
23. 齐毓霖编.摩擦与磨损.1986
24. 全永昕,施高义编著.摩擦磨损原理.杭州:浙江大学出版社,1988
25. 胡西樵编.弹性流体动力润滑.1986
26. 郑林庆.摩擦学原理.1994
27. 张鹏顺,陆思聪编著.弹性流体动力润滑及其应用.1995
28. 李东紫主编.微动损伤与防护技术.西安:陕西科学技术出版社,1992
29. 黄纯颖等编著.设计方法学.北京:机械工业出版社,1987
30. 董仲元,蒋克铸主编.设计方法学.1991
31. 黄瑞清,张秋英主编.绘图软件实用技术(Auto CAD).上海:上海交通大学出版社,1990
32. 周济、查建中、肖人彬.智能设计.1998
33. 戚昌滋,侯传绪.创造性方法学,北京:中国建筑工业出版社,1987

图书在版编目(CIP)数据

机械设计学习指南/濮良贵,纪名刚主编.—4版.—北京:高等教育出版社,2001.5(2024.7重印)

高等学校教材

ISBN 978-7-04-009351-3

Ⅰ.机... Ⅱ.①濮...②纪... Ⅲ.机械设计-高等学校-教学参考资料 Ⅳ.TH122

中国版本图书馆 CIP 数据核字(2001)第 007701 号

责任编辑	沈 忠	封面设计	李卫青	责任绘图	朱 静
版式设计	马敬茹	责任校对	马桂兰	责任印制	高 峰

出版发行	高等教育出版社	网 址	http://www.hep.edu.cn
社 址	北京市西城区德外大街4号		http://www.hep.com.cn
邮政编码	100120	网上订购	http://www.landraco.com
印 刷	固安县铭成印刷有限公司		http://www.landraco.com.cn
开 本	850mm×1168mm 1/32		
印 张	8.25	版 次	1987年5月第1版
字 数	200千字		2001年5月第4版
购书热线	010-58581118	印 次	2024年7月第17次印刷
咨询电话	400-810-0598	定 价	12.10元

本书如有缺页、倒页、脱页等质量问题,请到所购图书销售部门联系调换。
版权所有 侵权必究
物 料 号 9351-00